이겸서의

홍차 이야기

이겸서의

홍차 이야기

———

이겸서 지음

티웰

차례

4부 홍차의 역사

책 머리에

　우리나라는 홍차보다는 하동이나 보성등지에서 생산되는 녹차가 주류를 이루고 있다. 녹차가 세계 3대 기호음료로 오랫동안 사랑을 받고 있는 것은 차가 지니고 있는 기능성 때문이다. 그것은 면역력 증진과 질병의 예방 및 치료에 많은 도움을 주는 성분으로 카테킨(catechin), 아미노산, 카페인, 다당류 등이 차에 들어 있기 때문이다. 그런데 홍차는 세계인들 누구나가 물 다음으로 많이 마시고 좋아하는 차이다. 그 이유는 떫고 쓴 녹차와는 달리 홍차는 다양한 향기와 맛이 풍부하고 수색이 아름답고 건강을 증진하는 기호성 때문일 것이다. 그리고 홍차는 중국, 인도, 스리랑카, 케냐 등 열대 지역을 중심으로 많이 생산되고 있는데, 홍차하면 세계적으로 영국이 생각나고, 또 영국하면 홍차의 이미지가 가장 강하게 떠오르는 나라이기도 하다.

　이 책에서는 영국의 차문화와 애프터눈 티파티의 티룸과 티라운지 방문시 지켜야 되는 매너와 에티켓, 그리고 가정이나 야외 또는 손님을 초대하거나 행사장에서의 티 테이블 세팅시에 필요한 티웨어와 도자기, 홍차 브랜드, 등급, 그리고 홍차를 맛있게 우리는 방법과 밀크티와 아이스티, 찻물의 중요성과 홍차의 산지와 역사적인 부분까지 전반적으로 살펴보았다.

홍콩 리츠칼튼 호텔 에프터눈 티

차문화 기록가로 바쁜 일정임에도 필자의 부족한 원고를 한 권의 책으로 나올 수 있게 많은 도움을 주신 티웰 박홍관 대표님께 진심으로 감사의 마음을 전합니다.

1부

차나무의 식물학적 분류

차나무의 식물학적 분류

1. 차나무의 식물학적 분류

차나무의 식물학적 분류와 학술적인 명칭은 많은 시간 동안 여러 학자들에 의해서 혼란을 겪어왔다. 차나무의 식물학적 분류 단계는 위로부터 계(Kingdom), 문(Division), 강(Class), 목(Order), 과(Family), 속(Genus), 종(Species)의 단계이다.

계(Kingdom) - 차나무 식물계(Botania)

문(Division) - 종자 식물문(spermatophyta)

아문(Subdivision) - 피자식물아문(Angiospermae)

강(Class) - 쌍자엽식물강(Dicotyledone)

목(Order) - 산차목(Theales)

과(Family) - 산차과(Theaceae)

속(Genus) - 산차속(Camellia)

종(Species) - 차종(sinensis)

식물학적 분류에서 특성이나 상태가 서로 비슷한 성질의 식물들을 묶어서 종(Species)이라 하고, 비슷한 종들을 묶어서 속(Genus)이라 하며, 속들을 묶어서 과(Family)로 분류하고 있다. 기본단위는 같은 형질 개체군의 명칭이다. 즉 조상이 같은 종류의 식물이며, 기본적으로 똑같은 구조의 생리학, 생물화학적인 특징 등을 가지고 있다.

차나무의 학명: Camellia sinensis (L) O. Kuntze

여기서 종명인 sinensis는 라틴어로 '중국'을 의미하고, Camellia는 사전적으로는 관목인 동백나무과를 뜻한다.

2. 차나무의 종류

차나무는 크게 두 종류로 나눌 수 있다.

중국종의 소엽종은 키가 작은 관목이며, 잎의 길이가 3~5Cm 정도이고, 인도의 아삼종은 대엽종으로 교목이며, 주관이 명확하고 잎의 길이가 12~15cm 정도이다. 중국의 소엽종과 인도의 아삼종은 염색체 수가 같기 때문에 세포 유전학적으로는 같다. 위도가 낮고 고온다습한 열대지역의 대엽종 차나무는 강한 일조량과 높은 온도로 인해 폴리페놀(polyphenol) 성분이 많고, 상대적으로 위도가 높고 추운 온대지역의 차

1. 중국종(소엽종): Camellia sinensis var. sinensis
2. 아삼종(대엽종): Camellia sinensis var. assamica

나무는 아미노산과 카페인 성분이 많다. 그리고 이 두 지역 사이에 위치한 아열대 지역은 반교목형 중엽종으로 향기 성분이 강하다. 현재 인위적으로 만든 수천 가지의 계량 품종들은 여러 국가 곳곳에서 재배되고 있고, 한국의 차나무는 대부분 중국종으로 분류된다.

3. 차나무의 재배 환경

뿌리가 깊은 차나무는 열대, 온대, 아열대성 기후에서 잘 자라는 식물로 연평균 기온 13~16℃가 재배 적지이며, 겨울철 기온은 -5℃ 이상의 지역이 좋다. 최저 기온이 -13℃ 이하가 계속되면 청고현상과 적고현상 등 차나무 뿌리의 윗부분이 갈라지는 현상이 일어나면서 잎과 줄기 부분이 동사(冬死)하거나 차나무 전체가 고사(枯死)하고 만다. 또 강우량은 연평균 1,300~1,500mm 이상인 지역이 차나무가 잘 자랄 수 있다. 토양의 산도는 pH 4.5~5.5 정도의 약산성이 좋으며, 다져진 논바닥이나 찰흙같은 땅에서는 뿌리를 잘 내리지 못한다. 차나무는 뿌리가 1~2m 이상 깊게 내려가는 직근성 식물로, 꽃은 9~11월에 피는데 올해의 꽃이 내년의 종자가 되어 다른 꽃과 다시 만난다고 해서 실화상봉수라고도 한다.

4. 6대 다류

6대 다류는 1979년 중국 안휘성 농학원의 진연(陳椽)이라는 교수에 의해서 분류되고 정립되었다. 우리가 흔히 마시는 차들은 모두 차나무(Camellia sinensis)에서 딴 찻잎으로 만든 것인데, 크게 6대 다류로 나눌 수 있다. 일반적으로는 차의 제다 방법, 산화의 정도, 그리고 찻잎의 색상 등에 따라서 녹차(綠茶), 백차(白茶), 청차(靑茶), 황차(黃茶), 홍차(紅茶), 흑차(黑茶)로 분류할 수 있다. 산화의 정도에 따라 분류하면, 산화가 전혀 일어나지 않은 차를 비산화차라고 하고, 산화가 10~75% 일어나는 차를 부분 산화차라고 하며, 85% 이상 산화된 차를 완전산화차라고 한다. 홍차에 들어 있는 카테킨은 산화가 일어나면서 색깔이 변하는데, 처음엔 테아플라빈, 다음은 테아루비긴, 그 다음은 테아브로닌으로 변한다. 1835년 영국의 동인도회사에서 푸른색의 찻잎이 황색, 홍색, 흑색 등으로 변하는 것을 보고 '이것이 발효이다.'라고 발표한 오류가 오늘날까지 이어진 것이다. 발효라는 단어보다는 엄격히 말하면 산화라고 해야 한다. 홍차는 하지만 통상적으로는 발효란 단어를 아직도 많이 사용하고 있으므로 본 책에서는 가능한 산화라는 단어로 표기하되, 문맥이나 일상적인 용례에 따라 불가피할 경우에 발효와 산화를 혼용해서 사용하였다.

6대 다류 제다 공정

① 녹차(Green tea) 제다 공정: 채엽 - 살청 - 유념 - 건조

녹차는 찻잎을 따서 전혀 산화가 일어나지 않도록 큰 가마솥에 덖거나 뜨거운 수증기로 쪄서 만든 차이다. (비산화차)

② 백차(White tea) 제다 공정: 채엽 - 자연 위조 - 건조

백차는 차나무의 싹 자체가 흰털을 많이 가지고 있다. (약산화차)

③ 청차(Blue tea) 제다 공정: 채엽 - 위조 - 요청 - 살청 - 유념 - 건조

채엽한 찻잎을 위조한 다음 요청을 거쳐 다시 살청하여 산화를 중지시키는 것이다.(부분산화차)

④ 황차(Yellow tea) 제다 공정: 채엽 - 살청 - 민황 - 복유 - 홍건

황차는 녹차처럼 만들고 쌓아 놓는 민황 과정을 거쳐서 만든 차이다. (약후발효차)

⑤ 홍차(Black tea) 제다 공정: 채엽- 위조- 유념 - 산화 - 건조(완전산화차)

홍차는 우려진 탕색과 엽저가 붉은색을 띠는 홍탕홍엽(紅湯紅葉)이 특징이며, 완성된 찻잎이 검은색을 띤다. 홍차는 산화 정도가 85% 이상인

완전산화차이다. 차의 발효는 미생물에 의해서 일어나는 발효와 산화 효소에 의해서 일어나는 산화가 있다.

　그런데 홍차는 산화 효소에 의해서 산화가 일어나는 것이다.

　⑥ 흑차(숙병(Dark tea), 청병(dark green tea) 제다 공정: 채엽 – 살청 – 유념 – 퇴적(악퇴발효) – 복유 – 건조(후발효차)

흑차는 녹차의 제다 방법으로 산화효소를 파괴시킨 다음, 또다시 미생물을 가미시켜서 발효가 더 일어나도록 해서 만든 차이다.

5. 찻잎의 등급

우리는 홍차를 구매할 때 틴케이스의 외형만 봐도 어떤 차가 어떤 형태로 들어 있는지 여러 가지 정보를 알 수 있다. 틴케이스에는 제품명, 원산지, 식품의 유형, 제조원 및 제조국가, 수입원, 유통기한, 찻잎의 상태, 차의 등급 등이 표시되어 있다. 한 잔의 홍차를 마시기 위해서는 최소한 기본적인 품질과 등급은 정확히 파악하고 있어야지만 홍차의 선별과 기호에 맞게 제대로 우려낼 수가 있다. 홍차는 찻잎이 피어난 위치에 따라서 그 등급을 분류할 수 있는데, 작고 어린 새순일수록 좋은 등급의 차가 만들어진다고 할 수 있다. 홍차는 FOP, OP, P, PS, S와 같은 용어들로 등급을 분류해 놓고 있다. 이 용어들은 찻잎의 싹 부위와 형태의 크기를 기호로 나타낸 표시이다. 보통 홍차를 만들기 위해 채엽하는 찻잎은 다섯 잎까지 채취할 수 있다.

1) 찻잎의 등급

① FOP(Flowery Orange Pekoe)

차나무 가지의 맨 위쪽에 갓 돋아 펴지지 않은 어린 새싹으로, 솜털을 많이 가진 최상급 찻잎이다. P(플라워리)는 여기서 꽃이 아니라 잎의 눈,

즉 가장 어린 싹을 가리킨다. O(오렌지)는 찻물의 수색이 밝은 오렌지 빛깔이 난다고 하여 붙여진 이름이다. P(페코)란, 어린잎에 달린 하얀 잔털을 중국인들은 '백호'라 말하는데, 이를 영국인들이 '페코'라고 부른 데서 유래되었다.

② OP(Orange Pekoe): 위에서 두 번째 찻잎으로 부드럽고 어린잎을 말한다. 두 번째 찻잎도 분쇄하지 않은 홀리프 타입으로 차를 만드는데, 스리랑카나 인도네시아에서는 가장 좋은 등급이다.

③ P(Pekoe): OP 바로 아래의 찻잎으로 세 번째 찻잎을 말한다. OP 등급보다 낮은 생엽으로 만든 홍차를 의미하기도 한다. 흰털은 OP보다 작지만 페코는 향기가 맑고 신선하다.

④ PS(Pekoe Souchong): 네 번째 찻잎으로 Pekoe의 바로 아래 잎을 말하며 페코보다 잎이 크고 색이 조금 더 진하며 품질도 떨어진다.

⑤ S(Souchong): 가장 아래의 다섯 번째 경화된 잎으로 가장 낮은 등급이다. 최근에는 S등급의 찻잎은 거의 사용하지 않는다고 한다.

2) 홍차의 최상 등급

S.F.T.G.F.O.P(Special Finest Tippy Golden Flowery Orange Pekoe)

이 등급은 다즐링(Darjeeling Tea) 홍차에 붙는 등급으로, 전체 생산량 중에서 극미량만이 받을 수 있는 품질이 매우 좋고, 팁 부분을 많이 가지고 있는 최상 등급의 홍차이다. 시중에서 구하기가 힘든 제품이다.

찻잎의 등급은 F.O.P 뒤에 수식어가 많이 붙을수록 고급 등급의 홍차에 속한다.

3) 홀 리프 등급

SFTGFOP 1(Special Finest Tippy Golden Flowery Orange Pekoe 1)

FOP 다음에 숫자 1이 붙으면 각 등급에서 최상 등급의 차라는 뜻이다

FTGFOP.1(Finest Tippy Golden Flowery Orange Pekoe 1)

아주 어린 새순을 다량 함유한, FTGFOP보다 더 좋은 품질의 홍차를
의미한다.

FTGFOP(Finest Tippy Golden Flowery Orange Pekoe)

TGFOP 등급보다 높은, 정교하고 섬세한 홍차를 의미
한다.

TGFOP(Tippy Golden Flowery Orange Pekoe)

골든팁 함유량이 비교적 많이 포함된 섬세한 홍차이다.

GFOP(Golden Flowery Orange Pekoe)

FOP보다 한 등급 높은 등급으로 골든팁을 함유하고 있다.

4) 아삼(Assam) 홍차의 등급

TGFOP 등급 중 최상의 것으로 만든 홍
차는 TGFOP, 앞에 F(Finest)가 한 개 더 붙는
다. 또 FTGFOP 다음에 1이란 숫자가 붙으면
FTGFOP보다 한 등급 더 높다는 뜻이다.

아삼 홍차는 저지대의 대엽종으로 최고 등급이 TGFOP(Tippy Golden Flowery Orange Pekoe)이다. 아삼은 열대지역의 평지에서 채취한 찻잎이기 때문에 SF(Special Finest)는 잘 붙지 않는다.

5) 브로큰 등급(Broken Grade)

홀립의 찻잎을 로터베인으로 잘라서 찻잎이 부서진 상태를 말한다. 부서진 찻잎은 훨씬 더 빨리 우러난다는 장점이 있다.

TGFBOP(Tippy Golden Flowery Broken Orange Pekoe)

브로큰 찻잎 중에 골든팁을 많이 가지고 있는 가장 높은 등급에 속한다. 반드시 Tip이 많아야 맛있는 홍차는 아니지만, 보통은 Tip이 많으면 최상 등급에 속한다.

TGBOP(Tippy Golden Broken Orange Pekoe)

(팁과 골든팁을 가지고 있는 부서진 OP 등급이다.)

GFBOP(Golden Flowery Broken Orange Pekoe)

(FBOP보다 골든팁을 더 갖고 있다)

GBOP(Golden Broken Orange Pekoe)

(골든팁을 가지고 있는 브로컨 OP 등급이다.)

FBOP(Flowery Broken Orange Pekoe)

(보통 일반적인 BOP보다 좋고, 팁(Tip)을 조금 더 갖고 있다.)

6) 티백(Tea Bag) 등급

BOP(Broken Orange Pekoe) 찻잎이 매우 잘게 파쇄된 것이므로 빠른 시간에 차를 우릴 수 있다. 찻잎의 크기는 2~3mm 정도이며 일반적으로 좋은 수색과 진한 맛으로, 브랜드 회사에서 많이 사용하는 등급이다.

BOPF(Broken Orange Pekoe Fannings)

BOP보다 더 잘게 자른 것이고, 더스트(Dust)보다 조금 큰 등급으로 크기가 1~2mm 정도이다. BP(Broken Fannings) 찻잎의 크기가 1mm의 가루 형태이다.

6. 찻잎의 가공 상태에 따른 분류

전통(오서독스)의 제다 공정을 거친 홍차는 홀립과 브로컨 패닝스와 더스트 등 여러 가지 형태가 있다. 홍차는 찻잎의 크기에 따라서 차를 우릴 때 추출 시간이 달라지는데, 잎이 큰 홀립은 추출 시간이 길고, 브로컨이나 패닝스, 더스트 같은 경우엔 추출 시간이 짧다. 그렇기 때문에 크기가 다른 찻잎은 한 통에 담을 수 없다. 찻잎의 형태와 크기에 따라서 크게 4가지로 분류할 수 있다.

1) 홀 리프(Whole leaf): 찻잎을 자르거나 분쇄하지 않고, 형태가 온전한 찻잎을 뜻한다. 고품질의 찻잎들을 살펴보면 홀 리프 등급이 대부분이

며, 스트레이트티로 적당하고 티백에는 거의 사용하지 않는다.

2) 브로큰(Broken): 홀 리프 등급에서 찻잎을 잘게 부순 상태의 찻잎을 뜻한다.

3) 패닝스(Fannings): 브로큰보다 더 잘게 부서진 찻잎이다. 침출 시 홀 리프나 브로큰보다 더 진하게 우러나오며 진한 향미를 느낄 수 있다.

4) 더스트(Dust): 먼지와 같은 가루 형태의 차를 가리킨다. 제다 과정에서 만들어진 찻잎 중 가장 작은 크기의 분차를 뜻한다. 밀크티나 티백에 주로 사용된다.

| 1) 홀 리프 | 2) 브로큰 | 3) 패닝 | 4) 더스트 |

홍차 등급에 붙는 수식어홍차의 등급 중에 FOP 뒤에 3~4개까지 수식어가 더 붙기도 하는데, 주로 다즐링차에 쓰이는 등급으로, Finest Tippy, Golden, Flowery는 모두 가지 끝부분의 어린싹만을 의미한다. 이런 수식어 앞에 FOP나 BOP가 붙는다.

7. 찻잎의 배합에 따른 분류

홍차를 나누는 가장 기본적인 방법은 찻잎의 배합에 따른 분류이다. 시중에 판매되고 있는 홍차의 종류를 크게 4가지로 구분하면, 찻잎의 배합 방식에 따라 스트레이트 티(straight tea), 블렌디드 티(blanded tea), 베리에이션 티(Variation tea), 플레이버드 티(flavored tea)로 나눌 수 있다. 홍차는 찻잎을 어떻게 배합해서 우려내느냐에 따라 향기와 맛과 차의 수색이 달라진다.

1) 스트레이트 티(Straight Tea)

한 지역의 원산지 찻잎으로 만든 차이며, 아무것도 섞지 않은 차 본연의 순수한 맛을 느낄 수 있다. 가장 대표적으로 기문, 다즐링, 우바 등 세계 3대 홍차가 있다.

2) 블랜디드 티(Blended Tea)

두 가지 이상의 스트레이트 티를 섞은 것을 말한다. 대표적으로 해로즈의 블랜드 'No 49번과 No 14번'이 있다.

3) 베리에이션 티(Variation Tea)

홍차를 우릴 때나 마실 때 설탕이나 우유 또는 과일 등 무엇인가를 섞어서 마시는 것을 말한다. 가장 대표적인 것으로 밀크티와 아이스티가 있다.

4) 플레이버드 티(Flavored Tea)

제다 과정에서 베이스의 찻잎에 천연향이나 꽃향, 과일향 등을 입혀서 향기를 만들어 내는 차이다. 가향차라고도 한다. 딸기나 사과 조각, 여러가지 화려한 꽃잎이나 허브향이 첨가되기도 한다. 대표적으로 마리

아쥬프레르의 '웨딩임페리얼'과 '마르코폴로' 그리고 베르가못향을 입힌 '얼그레이 티'가 유명하다.

홍차의 산지

1. 중국 홍차

중국에서 홍차는 대만과 마
주한 복건성 무이산 동목촌의
조그마한 마을에서 가장 먼저
생산되었다. 복건성은 백차,
청차, 홍차, 이 세 가지의 차가
처음으로 만들어진 성이다.
홍차의 원조는 정산소종이다.

유럽에서는 이것을 랍상소우총(Lapsang Souchong)이라 불린다. 중국 홍차
를 크게 나누면 공부홍차(工夫紅茶), 소종홍차(小種紅茶), 홍쇄차(紅碎茶)의
3가지로 분류할 수 있다.

1) 공부홍차(工夫紅茶)

가공 과정이 세밀하여 많은 공을 들인다고 해서 공부홍차라고 한다. 중국은 대만을 합하여 23개 성(城) 중 20개 성에서 차가 생산되고 있는데, 공부홍차는 그 지역을 대표하는 전통적인 홍차로 싹과 어린잎으로 가공하는 것이 가장 큰 특징이다. 그러므로 외국에 수출되거나 중국을 방문하는 인사들에게 선물로도 많이 이용되고 있다. 중국의 공부홍차 중에는 기홍, 전홍 등이 유명하다.

(1) 기문(keemun) 홍차

기문 홍차는 인도의 다즐링, 스리랑카의 우바와 함께 세계 3대 홍차로 알려진 차이다. 기문 홍차는 1876년 여간신(余干臣)이란 사람에 의해 안휘성 기문 지역에서 품질이 좋은 홍차가 탄생하였다. 이 차는 1915년 파나마에서 개최된 태평양 만국박람회에  서 금상을 수상하면서 세계 3대 홍차에 입성하게 되었으며, 1987년에는 세계 우수품질 식품박람회에서, 1992년에는 홍콩의 식품박람회에서, 한 번도 받기 힘든 금상을 세 번씩이나 받은 화려한 수상 경력을 가지고 있는 홍차이다. 영국 귀족들에게도 사랑을 받아 더욱 유명해진 기문 홍차의 수색은 투명한 주황색이고, 그 향기는 동양적인 난초향과 장미향, 그리고 약한 훈연향이 나며, 순하고 감미로워서 스트레이트티로 마시는 것이 좋다.

(2) 운남(Yunnan) 홍차

차의 발상지이자 보이차로 유명한 운남성에서 만들어진 '전홍'은 1939년에 탄생했다. 전홍의 찻잎은 중엽종의 통통한 어린싹과 잎으로 만들어졌으며 골든팁이 많이 섞여 있는 것이 특징이다. 우려 놓은 수색은 붉은 등황색을 띠고 있고, 살짝 훈연향도 섞여 있으며 순하고

운남홍차

깊은 달콤한 맛이 밀려온다. 전홍 중에는 100% 골든팁으로만 이뤄진 전홍 금아(金芽)가 있고, 고수홍차 금아(金芽)도 있는데, 외형은 모두 황금빛이며 아(芽)로만 가공된 것이 특징이다. 이런 차들은 매우 고급차에 속하며 스트레이트로 마시면 정말 맛이 좋다. 금아의 수색은 맑은 호박색으로, 달콤하고 향긋함이 부드러우면서도 고급스러운 맛이 느껴진다.

2) 소종홍차(小種紅茶)

소종홍차는 정산소종(正山小種), 외산소종(外山小種), 연소종(研小種)으로 나눌 수 있다. 정산소종은 무이산 복건성(福建省) 숭안현(崇安縣) 성촌

진(星村鎭) 동목촌(洞木村)에서 어린잎을 따서 만들어진 차를 의미하며, 그 외 지역에서 만들어진 차는 외산소종이라고 한다.

(1) 정산소종(正山小種)

정산(正山)이란 무이산을 뜻하는 말이며, 소종이란 무이산 동목촌에서 자생하는 찻잎이라는 뜻으로, 그 지역에 바위틈에서 자생하는 소엽종 찻잎으로 만든 홍차를 말한다. 즉 정산소종은 무이산 동목촌의 산골 마을이 시초이고, 세계 최초의 홍차로 알려진 정산소종 홍차는 유럽인들을 매료시킨 중국의 홍차로 유명하다. 1870년대에 유럽 시장을 석권하면서 영국의 일부 상류층에서 즐기던 홍차이다. 정산소종의 특별한 제다 방법은 복건성 동목촌의 어린 찻잎에 솔잎을 태워 스모키한 훈연향을 가미시킨 독특한 향과 맛으로, 탕색은 어두운 갈색을 띠며 훈연의 맛과 약간의 용안의 향이 느껴진다. 마시는 법은 스트레이트티나 밀크티, 또는 아이스티로 마시면 좋다.

(2) 외산소종(外山小種)

무이산 동목촌 바깥 지역에서도 정산소종을 모방하여 생산하는 차가 있는데 이를 외산소종이라 한다. 그 품질은 정산소종보다는 낮다. 외산소종의 조건은 첫째 차나무의 품종이 정산소종의 품질을 가지고 있어야 한다. 둘째 제다 기술이 정산소종과 비슷해야 한다. 셋째, 위치적으로 동목촌 근처여야 한다. 이 세 가지 조건을 다 갖추고 있는 것을 외산소종이라 할 수 있다.

(3) 연소종(研小種)

무이산 동목관 근처의 여러 곳에서 만들어진 품질이 떨어진 오래된 찻잎에 송연향을 덧씌워서 소종홍차를 모방한 것이다. 이 차의 특징은 정산소종이나 외산소종보다도 송연향이 강하다. 이 차는 인위적인 송연향을 입힌 제다 방법으로 만들어진 하급의 차이다. 그렇지만 유럽인들이 즐기는 랍상소우총에 가까운 향이라고 할 수 있다. 현재 유럽에서 만들어진 랍상소우총 홍차는 중국 동목촌의 훈연향의 홍차가 아니라 인위적으로 훈연향을 모방해서 만든 차이다. 오늘날은 정산소종이나 외산소종, 그리고 연소종까지 모두 정산소종으로 판매되고 있다. 그러므로 정산소종을 정확히 가려내는 작업은 테이스팅을 통해서만 알 수 있다.

(4) 금준미(金駿眉)

현대적으로 새롭게 변형되어 가공된 차로서 등급이 가장 높은 금준미는 정산소종의 가공법을 기초로 하지만, 마지막 제다공정에서 훈연의 향을 씌우지 않는 것이 특징이다. 금준미는 2005년 무이산

동목촌의 정산소종의 24대 계승자인 양준덕(梁駿德)에 의해서 처음 만들어졌고, 가격이 매우 비싼 홍차로도 유명하다. 금준미(金駿眉)란 완성된 찻잎의 색깔과 형태가 황금색의 아름다운 눈썹(眉)같이 생겼다 하여 붙은 이름이다. 무이산 동목촌 고산지대에서 딴 첫물차로 만들어지고, 아주 어린 싹만을 1년에 한 번 채취해서 만든 차이다. 금준미 한 근(500g)을 만들기 위해서는 5~6만 개의 차 싹을 채취해야 한다. 금준미의 맛과 향은 부드럽고, 감미롭고, 우아한 꽃향이 특징이다.

3) 홍쇄차(江碎茶)

작은 가루 형태의 파쇄형 홍차이다. 인도, 스리랑카, 케냐 등에서 이 방법으로 많이 가공하고 있는데, 홍쇄차는 두 가지로 분류할 수 있다. 인위적으로 파쇄한 것과 자연스럽게 파쇄된 것이다. 인위적으로 파쇄한 홍차는 CTC 공법인데, 침출 시간을 짧게 하고, 침출력을 높이는 방식이다.

중국의 홍쇄차 중에는 미전홍차(米磚紅茶)가 있다.

2. 인도의 홍차

인도는 세계 최대의 차 생산국이자 소비국으로 1823년 영국의 로버트브루스가 아삼 지방에서 차나무를 발견하고, 그의 동생 찰스 브루스가 차 재배에 성공하면서, 1860년대부터 본격적인 홍차 생산이 시작되었다. 인도의 차 생산은 2018년 기준, FAO에 따르면 연간 134만 5천여톤을 생산하는데, 이중 약 80%는 자국에서 짜이 등으로 소비되고, 나머지 20%만 해외로 수출되고 있다.

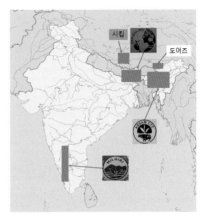

인도차 생산지 지도

1) 인도의 다즐링

세계 3대 홍차 중 하나인 다즐링은 인도의 북동부 지방 시킴주 아래, 히말라야산맥의 남쪽 기슭 해발 2,300m의 고지대에 위치하고 있다. 홍차의 으뜸으로 꼽히고 있는 다즐링은 1849년 영국의 식물학자인 로버트 포춘이 변장을 하고 중국 무이산에 몰래 들어가서 차나무와 홍차 제다법을 훔쳐서 다즐링 지역에 심은 것이 최초의 '다즐링 홍차'이다. 그래서 다즐링 지역의 차나무는 중국 소엽종이 대부분 차지하고 있다. 다즐링 차나무의 형태는 정원수처럼 동글동글하게 심어져 있기에, 기계 채엽은 불가능하고 사람의 손으로 직접 채엽을 해야 한다. 다즐링이란 티벳어로 번개와 천둥이 치는 곳이란 뜻으로, 기후와 높은 고도로 인해 일년 내내 차를 채엽하지는 못한다. 연중 강우량은 3,000mm를 넘어 차 생산에 매우 좋은 조건을 갖추고 있으며, 일교차가 심하고 안개가 자주 발생하며 습도가 높다. 다즐링 차는 홍차의 샴페인이라 불리며, 산화가 덜 된 푸른 색의 찻잎이 많이 섞여 있는 것이 특징이다. 수색도 밝은 오렌지색을 띠며, 가볍고 섬세한 백포도주 향에서 느껴지는 머스켓 향이 나는데, 특히 퍼스트 플러쉬에서 가장 많이 느껴진다. 그러므로 주로 스트레이트티로 많이 즐긴다.

(1) 다즐링 퀄리티 시즌(Darjeeling Quality Season)

다즐링 홍차는 수확 시기에 따라 퀄리티 시즌을 분류하는데, 시즌에 따라 다양한 맛과 향기 성분과 수색이 다르다.

① 다즐링 원(DJ 1): 2~3월초에 수확한 차로써, 희소성에 의해서 가격이 고가이다.

② 퍼스트 플러쉬(First Flush): 3~4월의 봄에 처음으로 수확한 차이며, 수색은 밝고 옅은 오렌지색을 띠며, 장미꽃 향기가 강하고 신선하고 부드러우며 상큼한 머스켓 향이 나는 것이 특징이다.(1st Flush라고도 함)

③ 세컨트 플러쉬(Second Flush): 5~6월의 두 번째로 수확한 차로써, 첫물차보다 약간 진한 붉은 수색을 띠고 특유의 꽃향기가 강하게 나며 부드럽고 달콤하여 머스캣의 백포도주 향이 약하게 느껴진다.

④ 몬순 플러쉬(Monsoon Flush): 여름에는 7~9월 하순까지 우기인데, 일반적으로 우기에 생산되는 차의 품질은 좀 떨어지지만 수확량은 많아서, 차를 생산하는 업자들은 이 시기를 베스트 시즌(best season)이라고 하

기도 한다.

⑤ 오텀널 플러쉬(Autumnal Flush): 10~11월의 가을 차는 우기가 끝난 후에 수확한 차로써 깊이 있는 등황색과 리나롤향을 내며, 약한 떫은맛이 있으므로 밀크티용으로 적당하다.

(2) 티 테이스팅

① 티 테이스팅 목적

차의 장점과 단점을 알아보고자 하는 과정이다.

준비물: 품평대, 품평기, 품평스푼, 저울, 티타이머

(3) 티 테이스팅 순서

① 중국홍차와 인도의 다즐링 차엽을 각각 3g씩 준비한다.

② 차엽을 용기에 담아 뚜껑을 밀폐시킨 뒤 찻잎을 흔들어서 우리기 전에 향을 먼저 맡는다.

③ 찻잎 3g을 티테이스팅 전용 용기에 담는다.

④ 95℃ 이상의 뜨거운 물 150ml를 테이스팅 컵에 붓는다.

⑤ 뚜껑을 덮고 5분 동안 차 우리기를 한다.

⑥ 5분이 지나면 우린 티를 테이스팅 컵에 얹으면서 따른다.

⑦ 티가 한 방울까지 컵에 다 흘러내린 뒤에 컵을 옮겨 놓는다.

⑧ 우려진 엽저는 테이스팅 뚜껑 위에 부어 놓는다.

⑨ 우려진 티를 테이스팅 스푼으로 떠서 향을 맡아보고 차를 맛본다.

⑩ 뚜껑에 쏟아놓은 우린 엽저의 향기를 맡아보고 상태도 관찰한다.

⑪ 뚜껑에 덜어놓은 엽저도 향기를 맡고 관찰한다.

[중국 홍차 품평]

기문 홍차

운남 홍차

정산 소종

금준미

[인도 홍차 품평]

  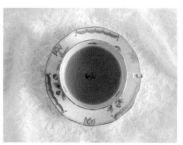

퍼스트 플러쉬

세컨드 플러쉬

  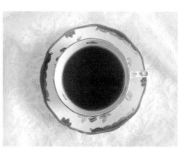

오텀널 플러쉬

5) 아삼 홍차

아삼 홍차의 로고는 코뿔소와 찻잎이 있는 그림이다. 인도의 동북부에 차의 향기가 흐르는 브라마푸트라강 유역에서 재배되고 있다. 아삼은 푸라마푸트라강 유역에 2천여 개 이상의 다원이 자리 잡고 있으며, 브라마푸트라강의 물안개로 인해 차의 맛이 더욱 좋은 차이다. 일반적으로 고급차가 생산되는 지역은 강이나 호수를 끼고 있는 것이 특징이다. 아삼차는 90% 이상이 CTC 제다법으로 이루어지며, 수색은 진한 붉은색을 띠고, 약간 떫은맛이 느껴지며 향기는 비교적 약한 편이다.

1823년 스코틀랜드의 로버트 브루스 형제가 아삼에서 차나무를 발견한 뒤 1830년부터는 영국에 의해 인도 최초의 다원이 개발되었다. 아삼 지역의 연 강수량은 10,000mm로 세계에서 가장 비가 많이 오는 지역으로, 아삼 홍차는 수분을 많이 머금어 잎이 크고 강한 맛을 내는 것이 특징이다. 아삼 홍차의 퀄리티 시즌(Quality Season)은 5~6월로 이때의 차가 가장 맛이 좋다. 연간 40만 톤 이상의 차를 생산하고 있는 아삼의 차밭은 햇볕이 너무 강한 탓에 인위적으로 그늘나무를 심어주어 찻잎을 보호하고 있다.

6) 닐기리(Nilgiri) 홍차

남인도를 남북으로 가로지르는 고츠산맥의 서쪽 지역으로 해발 1,000~2,500m의 완만한 구릉으로 이루어진 고산지대이며, 차나무는 아삼 품종이 대부분이고, 다른 지역에 비해 다원이 늦게 조성되었다. 1926년부터 차 재배가 시작된 신흥생산지이다. 닐기리의 차맛은 실론티와 비슷하며, 산뜻하고 부드러운 꽃향기와 순하고 깔끔한 맛으로 부담없이 즐기기에 좋다.

강우량은 연평균 1,000~1,200mm정도이고, 스리랑카와 인접해 있어서 스리랑카 기후와도 흡사하다. 고도가 높아 기후가 온난하므로 차 생산에 최적지이다. 또 남인도 홍차의 대표 생산지로 일년 내내 차 생산이 가능하다. 닐기리의 퀄리티 시즌은 1~2월이며 품질이 좋은 차를 생산한다. 다른 인도 차에 비해 비교적 무난한 개성으로 블렌딩차의 베이스나 밀크티, 아이스티로 적당하다. 닐기리의 로고는 '블루 마운틴'으로 '닐(NIL)'은 푸르다는 뜻이고, '기리(GILI)'는 산을 의미한다. 즉 다양한 야생동물들이 살고 있는 푸른 산에서 찻잎이 재배되고 있다는 것이다.

7) 시킴(sikkim) 홍차

인도 다즐링 위 북쪽 지방에 위치하고 있다. 시킴 차밭은 인도 주 정부에서 관리하는 조그마한 다원이다. 고품질의 차이며 희소성으로 인해 귀한 대접을 받아 가격이 고가이다. 인도 시킴주에서 생산되는 홍차는 테미 다원(Temi Garden)에서 생산하는 '테미 티' 하나뿐이다.

3. 스리랑카 홍차

조그마한 섬나라 스리랑카는 인도의 눈물, 동양의 진주라고 불리는 세계 2위 홍차 수출국이다. 스리랑카의 위치는 인도에서 남동쪽으로 32km 떨어진 곳으로, 인도 남부 인도양 해상에 자리 잡고 있다. 수도는 콜롬보이고, 관청이나 현지에서는 영어가

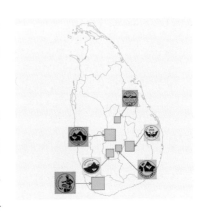

공용어로 통용되고 있다. 주요 농산물은 차와 코코넛과 천연고무 등인데 차는 국가의 주요 농업 수출품으로, 1997년에는 세계에서 가장 깨끗한 차로 선정되었다. 실론은 1948년 영국의 식민지에서 독립하였으며, 1972년에 '실론'에서 눈부시게 빛나는 섬이란 뜻의 '스리랑카'로 국호가 개칭되었지만 스리랑카에서 생산되는 차에 있어서만은 실론티의 이름을 그대로 사용하고 있다.

1) 실론 티(Ceylon Tae)

스리랑카 실론티는 중국, 인도, 케냐와 더불어 세계 4대 홍차의 생산국이다. 1839년 캘커타에서 아삼 차나무 씨가 보내졌고, 이후 중국의 차나무 씨까지 전해지면서 차 생산이 본격화되었다. 제임스 테일러는 1873년

에 런던 경매장에서 처음으로 실론티를 소개
했다. 2020년 FAO의 홍차 수출 순위에 따르
면 1위 케냐 다음으로 수출을 많이 하는 나라
가 스리랑카이다. 스리랑카는 독특하게 해발
의 높이에 따라서 3대 그로운티로 나눈다. 이
구분은 홍차의 품질과 가격을 나타내는 하나의 지표가 되기도 한다. 실론
홍차의 로고는 사자가 칼을 들고 있는 그림이다. 이 로고는 실론에서 생
산되는 오리지널 차만 사용할 수 있으므로, 이 로고가 있는 차만이 100%
스리랑카에서 생산되었다는 것을 믿을 수 있다.

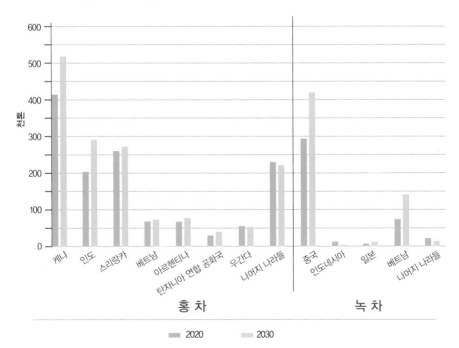

FAO 세계 주요 차 수출국

2) 하이 그로운 티(high grown tea)

해발고도 1,200m~1,800m 이상에서 생산되는 차로써, 차나무들이 많고 중국종 차나무이고 고품질의 차이다. 기후가 서늘한 지역인 남서부 고원지대에서 생산되는 누와라엘리야(Nuwara Eliya)와 딤블라(Dimbula), 그리고 우바(Uva)는 스리랑카를 대표하는 3대 하이 그로운 티로, 차가 가지는 특유의 섬세함과 향긋하고 상쾌한 떫은맛을 가지고 있는 것이 특징이다.

(1) 누와라엘리야(Nuwara Eliya)

빛의 도시라고 불리는 누와라엘리야는 스리랑카의 해발 1,800m 이상 고지대 산맥 중앙부에 자리하고 있으며 계절풍의 영향을 받는 세계적인 차 생산지이다. 홍차의 샴페인이라고 불리는 인도의 다즐링과 맛이 비슷하고, 중국 소엽종의 차나무가 많으며, 품질이 뛰어나 실론 홍차의 샴페인으로 불린다. 누와라엘리야는 1~3월이 맛있는 퀄리티 시즌이며, 발효가 덜 된 찻잎이 풋풋하고 우아하고 향긋하며 가볍고 섬세한 향과 순하고 부드러운 맛으로 잘 알려져 있다. 차의 수색은 은은한 밝은 오렌지색을 띠고 있으며, 싱그러운 향미가 특징이다. 스트레이트티로 마시는 것이 가장 맛이 좋다.

(2) 딤블라(Dimbula)

스리랑카의 중앙 산맥의 서부에서 생산되며, 해발고도 1,200~

1,800m의 하이 그로운에서 재배되는 차이다. 퀄리티 시즌은 1~3월이 며, 이때 딴 찻잎이 품질이 우수하고 맛이 좋다. 딤블라 홍차의 탕색은 진하고 깨끗한 붉은색을 띠고 있으며 산뜻하고 가벼운 맛과 우아하면서 달콤한 꽃향기와 과일의 섬세한 향미를 느낄 수 있다. 마시는 방법은 다 양하며 다른 홍차에 비해 탄닌 성분이 적어 스트레이트티나 아이스티, 밀크티로 마셔도 훌륭하다. 계절풍과 많은 비와 차고 건조한 날씨로 인 해서 입안이 꽉 쪼여지는 수렴성이 느껴지는 풀바디부터 가벼운 맛의 라 이트바디에 이르는 품종들이 생산되고 있다. 바디(body)라는 것은 차 맛 의 무게감에 대한 표현이다.

(3) 우바(Uva)

세계 3대 홍차에 속하는 우바는 스리랑카 남동부 높은 고산지대(해발 1,200m 이상)에서 생산된다. 홍차의 왕 토마스 립톤(Lipton)이 직접 차밭을 경영하고 성공한 곳이기도 하다. 우바 지역은 차의 생산량은 그리 많지 않으나 풍부한 향기와 떫은맛이 높이 평가되기도 한다. 차의 맛은 독특 한 떫은맛과 쓴맛이 나며 수색은 밝고 맑은 루비색을 띠고 있으며, 달콤 한 과일과 장미꽃향이 일품이다. 우바는 동쪽에 위치해 있기 때문에 7~ 8월이 맛있는 퀄리티 시즌이다. 이때는 바람의 영향을 받아 가장 향기로 운 향의 계절(flavory season)이라 부른다. 우바에 골든 팁(golden tip)이 많 이 들어 있어, 차를 우렸을 때 골든링(golden ring)을 선명하게 접할 수 있다. 스트레이트티나 밀크티로 즐기기에 좋다. 우바는 1891년에 옥션에서 사상 최고의 가격을 매긴 이래로 유명해졌다.

3) 미들 그로운 티(Middle grown tea)

해발 600~1,200m에서 생산되는 차로 기후변화가 적어 맛이 부드럽고 적당한 바디감을 지녀 블렌딩할 때 다른 차와의 조화를 잘 이룬다. 대표적으로 캔디(Kandy) 차를 꼽을 수 있다. 스리랑카 중앙부에 위치한 캔디는 스리랑카의 옛 수도이다. 캔디 도시 외곽에 다원들이 조성되어 있으며 차 생산량도 많은 편으로 아삼종 차나무 외에 중국의 개량종 차나무도 많이 재배되고 있다.

캔디(Kandy)

1867년 제임스 테일러가 캔디 지역의 룰레콘데라에서 스리랑카 최초로 차나무를 개척하면서 생산된 홍차이다. 캔디는 강렬하고 타는 듯한 향을 좋아하는 이들에게 이상적인 차이다. 캔디는 생산량이 많고 품질도 안정적이어서 티 블렌딩에 폭넓게 사용할 수 있다. 캔디의 퀄리티 시즌은 3~4월이며, 깔끔하고 깊게 우러나는 밝은 진홍색의 맛과 향이 풍부하고, 카테킨의 함유량이 다른 지역에 비해 적고 목넘김이 부드럽고, 크림다운 현상이 일어나지 않아 아이스티나 밀크티로 적합하다.

4) 로우 그로운 티(low grwon tea)

로우 그로운 티는 해발 600m 이하에서 생산되는 저지대의 차를 가리 킨다. 잎이 큰 아삼종의 차나무가 많아 스리랑카에서 가장 많은 티 생산 량을 차지하고 있다. 향과 맛이 진하여 아랍사람들이 선호한다. 저지대 의 티에는 루후나와 사바라가무와가 대표적이며 루후나는 피두루탈라 갈라산의 남쪽에서 생산되는 저지대의 차인 만큼 짙은 수색을 띠고 있으 며, 다른 지역 차에 비해 기온이 높은 관계로 산화가 잘 되어 강한 무게 감으로 퍼지는 스모키한 맛이 입안을 가득 채우는 듯한 독특함이 특징이 다. 또한 진한 차의 색깔로 밀크티나 로얄 밀크티로 잘 어울린다.

루후나(Ruhuna)

피두루탈라갈라산의 남쪽 해발 600m 이하 저지대에서 생산되는 차이 다. 수색은 검붉은 적색을 띠고 있으며, 떫은맛이 약하고 부드러워서 홍 차의 진한 매력을 느낄 수 있다. 루후나는 맑고 깨끗하면서 따뜻함이 느 껴지는 맛이며, 언제 마셔도 질리지 않는 푸근한 맛이다. 현재 루후나의 지명은 남아있지 않고 홍차에는 아직도 이름이 남아있는데, 로우 그로운 의 대표적인 홍차이다.

스리랑카 고도에 따른 실론 티(누와라엘리아, 딤블라, 우바, 캔디, 루후나)

6. 케냐 홍차

동아프리카를 대표하는 케냐는 국내에서 비행기로 13시간을 날아가야 만날 수 있는 나라이다. 동아프리카란 일반적으로 케냐, 르완다. 우간다, 탄자니아, 부룬디 등을 말하는데, 케냐는 아프리카 동부에 위치하고 있다. 1885년에는 영국의 식민지였다가 1963년에 독립을 한 나라이기도 하다. 아프리카의 지도를 보면 케냐는

아프리카 케냐

적도에 걸쳐 있는 지역이지만 해안은 무더운 열대 기후이나, 내륙 지방은 고지대로 건조하며, 연평균 기온은 16℃이다. 차가 생산되는 지역은 해발 2,000m에 이르는 고산지대를 중심으로 1,400mm정도의 적당한 강우량과 풍부한 일조량, 그리고 열대 화산성의 붉은 토양으로 차나무가 잘 자랄 수 있는 광대한 차 생산지가 있다. 2022년 FAO(유엔식량농업기구)의 보고에 따르면 홍차의 연간 생산량은 인도에 이어 세계 2위를 차지하고, 홍차의 수출량은 2007년부터 세계 1위를 기록하고 있다. 케냐 홍차의 역사는 1903년 당시 영국은 케냐를 식민지로 두고 있었는데, 영국인 정착민인 케인(Caine) 형제가 케냐의 수도인 나이로비 북쪽 리무루(Limuru) 지역에 인도의 아삼 품종의 차나무를 가져와 심은 것이 시초이다. 그 다음으로 케리초(kericho), 난디(Nandi), 카이모시(Kaimosi), 소틱(Sotik)지역 에서

도 차가 재배되기 시작했다.

1926년에는 개인 농장주와 토착민이 차를 재배하는 회사가 생겼지만, 차 산업에 관한 규제로, 독립 이전까지는 대규모의 다원은 유럽인들의 기업에만 차를 재배할 수 있는 권한이 주어졌다. 그러다가 1957년에 와서야 유럽의 정착민이 거주하지 않는 라가니(Ragani)지역에 소작농의 차 재배가 인정되었다. 케냐 홍차가 본격적으로 생산되기 시작한 것은 영국으로부터 독립한 1963년 이후 부터였다. 1964년에는 소규모의 자작농 다원을 돕기 위한 목적으로 케냐 정부가 케냐차 개발공사(Kenya Tea Development Authority)를 설립하였다. 케냐 홍차의 최적 수확 시기는 1~2월과 여름이 퀄리티 시즌이며, 1년 내내 수확은 가능하다. 생산량의 90%는 수출을 하고 10%만 자국에서 소비된다. 케냐 홍차는 떫은맛이 적고 깔끔한 단맛이 느껴지며, 수색은 진한 붉은색을 띠고 있다. 또 90% 이상 CTC 제다방식을 갖추고 대량으로 생산하고 있는데, 이렇게 생산된 차들은 대부분 티백용이나 아이스티용 또는 밀크티용으로 세계로 수출되고 있다. 전 세계적으로 티백의 수요가 증가하면서 케냐차의 생산량도 빠른 속도로 늘어났다.

케냐 홍차의 주요 생산지는 그레이트 리프트 밸리 일대의 케리초와

난디힐 등으로 최근에는 정부 의 주도로 고품질의 홍차 생산 을 개발하고 있다. 이 중에서 현 재 가장 많은 생산량을 차지하 고 있는 곳이 케리초(80%) 지역 이다. 케리초 지역은 자동차로

몇 시간을 달려도 크고 작은 다원들이 끝없이 펴쳐진 푸른 물결을 이루 고 있다. 그런데 이 다원들의 특징이 하나같이 차나무 사이로 사람이 다 닐 수 있는 길이 없다. 큰 다원의 구획만 나누어 놓았을 뿐 찻잎을 딸 수 있는 통로는 만들어 놓지 않았다. 이런 환경에서 케냐의 근로자들은 두 꺼운 앞치마를 입고 빽빽한 차나무 사이를 헤치면서 일일이 손으로 찻잎 를 따야만 한다. 케냐에서 찻잎을 따는 주민들은 대부분 차를 재배하며 생계를 이어가고 있는데 하루 종일 찻잎을 따고 손에 쥐는 돈은 2022년 기준 약 5달러(한화 약7,000원)에 불과하다.

케냐인들은 하루에도 여러차례 케냐티를 마시고 있다.

케냐티는 물을 섞지 않은 티이다. 우유에 찻잎을 넣고 팔팔 끓이거나, 뜨거운 우유에 티백을 넣고 진하게 우려서 마시는 방식이다. 여기에 기 호에 맞게 설탕을 넣어서 달콤하게 마시는 즉 케냐식 밀크티이다.

홍차의 제다 방법

홍차의 제다공정은 적시에 이루어져야 한다. 그런 점에서 홍차는 제다기술자의 지식과 경험이나 노하우가 매우 중요하다. 홍차의 가공 방식은 일반적으로 전통적인 방식인 오서독스(orthodox) 방식과 언오서독스(unorthodox)인 CTC 방식, 두 가지로 나눌 수 있다. 찻잎의 개성을 최대한 끌어낼 수 있는 모양과 상태로 만들어 내기 위해서 각각에 맞는 하나의 방법을 선택한다. 가공 방법에 따라 찻잎의 형태와 색상과 향기와 맛 등그 특징이 조금씩 달라진다. 홍차의 기본 가공은 채엽-위조-유념-산화-건조-분류-포장-판매의 순으로 이루어진다.

1. 오서독스(orthodox) 제다법

오서독스(orthodox) 방식은 이름 그대로 옛날부터 전해 내려온 전통적인 방식이다. 오늘날에도 가정마다 사람이 직접 손으로 찻잎의 개성을 살리면서 차를 만들기도 한다.

1) 채엽(Plucking)

차를 채엽하는 것은 시기별로 이루어지는데, 고지대에서는 소엽종을 저지대에서는 대엽종의 찻잎을 채엽한다. 고급 잎차를 만들기 위해서는 잎의 부위나 등급에 따라 손으로 채취하는데, 1아 2엽을 채취한다. 인도 나 스리랑카의 경우에 채엽은 연간 9~10개월간 채엽이 가능하고, 1주 ~2주 간격으로 한다.

2) 위조(withering)

　　위조의 방법에는 일광위조, 실내위조, 인공위조 등이 있는데, 전통식 위조방식은 비교적 강하게 위조를 한다. 대량으로 가공할 경우 실내에서 그물망에 찻잎을 펼쳐놓고, 그 아래에서 냉풍이나 온풍을 불어넣어 수분을 서서히 증발시킨다. 위조 정도는 생엽의 수분 함유량이 40~50% 정도에 이르도록 하고, 찻잎을 손으로 쥐었을 때 찻잎이 시들고, 또 손으로 뭉쳤을 때 덩어리가 잘 풀리지 않을 정도로 위조한다.

3) 유념(rolling)

위조 과정을 마친 찻잎들은 유념기에 넣고 압력을 가해 세포조직을 비비고 으깨어서 섬유소를 파괴하는 강유념을 하는데, 이러한 작업 중에 찻잎 속에 들어 있던 산화 효소가 산소와 만나면서 활성화되어 산화를 촉진시키는 것이다. 산화가 진행되면 녹색의 차엽은 암록색을 띠다가 붉은색으로 변하게 되고, 이때부터 찻잎 특유의 신선한 향기가 발생한다.

4) 옥록(덩어리 풀어주기)

유념으로 인해 뭉쳐진 덩어리를 풀어주는 작업인데, 이 작업은 찻잎의 세포 조직을 더욱 부드럽게 하고, 유념 중에 과도하게 진행된 산화를 방지해 주기도 한다. 찻잎을 좌우로 흔들리는 체에 받치고 몇 번에 걸쳐서 덩어리를 풀어준다.

5) 산화(oxidation)

산화공정은 찻잎이 완전히 산화되어 향미와 빛깔이 알맞게 나도록 하는 데 그 목적이 있다. 찻잎에 함유된 폴리페놀이 산소를 만나면서 산화 효소인 폴리페놀옥시데이스(Pplyphenol Oxydase)에 의해 산화가 진행되는 과정이다. 이 과정에서 붉은색이던 홍차는 갈색이 되고 찻잎 특유의 진한 향기가 생성된다.

6) 건조(drying)

건조는 찻잎의 산화를 완전히 멈추게 함과 동시에 남은 수분을 날리는 작업이다. 건조는 요즘 완전자동식 건조기에서 고열풍기로 건조를 한다. 저온으로 건조를 하게 되면 찻잎이 계속 화학변화를 일으켜 차의 품질이 떨어지므로, 단시간에 고온 건조하여 최종 수분 함유량은 3~4%가 되게 한다. 이렇게 찻잎은 갈색에서 검은색으로 변하고 홍차는 완성된다.

7) 분류(Sorting)

분류는 최종 홍차가 된 찻잎을 크기에 따라 선별 작업을 하기 위해 진동판에 넣는다. 진동판은 4종류의 거름망이 설치되어 있는데 이 진동판에 의해 여러 등급인 홀리프, 브로컨, 패닝스, 더스트 등으로 분류한다.

8) 포장(packing)

분류를 마친 홍차는 변질을 방지하고 품질을 향상시키기 위해서 같은 크기와 같은 모양을 벌크에 담아서 보관하는데, 한 벌크의 무게는 등급에 따라 다르지만 40~48kg으로 밀봉 포장한다.

2. 언오서독스(unorthodox) 제다 방법

CTC 제다법: 채엽 – 위조-로터반-CTC기 통과-산화-건조-분류-포장

오늘날 세계적으로 홍차 생산의 60% 이상이 CTC 제다 방식으로 이

루어지고 있다. CTC란 'Crush Tear Curl'에서 이니셜의 약자이다. CTC 제다 방법은 1930년 윌리엄 맥카쳐(William Mckercher)가 개발해서 북인도의 아삼 드아저 지방에서 처음 사용하기 시작한 뒤 다즐링과 같은 높은 지대를 제외한 인도의 전 지역으로 빠르게 확산 보급되었다. 그 후 아프리카 동부와 인도네시아, 케냐, 스리랑카의 저지대에까지 확산되어 오늘날 홍차 제조의 가장 대표적인 제다 방법이 되었다. CTC 방식은 작업 효율이 뛰어나 한 번에 부수고(crush) 찢고(tear), 휘말리는(curl) 과정을 거쳐 자동으로 3가지를 진행시켜 홍차를 대량으로 생산할 수 있다. 밀크티 원료나 티백 속에 들어있는 홍차 대부분이 CTC 제법의 홍차이다.

1) 채엽

찻잎을 채엽하는 방법은 손으로 하는 방법과 기계로 하는 방법이 있는데, 손으로 채엽할 경우엔 엄지와 검지를 이용해 찻잎의 1아 4엽까지 채취한다. 차를 처음 채취했을 때 찻잎에 들어 있는 수분 함유량은 70~80% 정도이다.

2) 위조

CTC 위조 방법은 대체로 가볍게 위조하는데 일반적으로 홍차의 종류에 따라서 진행한다. 홍쇄차(broken black tea)는 수분 함유량을 60% 정도까지 한다.

3) 로터베인(rotorvane)

위조를 마친 차엽은 로터베인기에 넣고 2분 정도 듬성듬성 자르고 찢는다.

「로터베인 공법은 1958년 인도 아삼 지방에 도그라이 차엽 연구소의 이안 멕디아가 개발한 대형 유절기를 말한다. 이 기계는 육류 절단기의 원리를 응용해서 위조가 끝난 차엽을 로터반기에 넣고 그 안에서 압착하여 미세하게 자르고 부수도록 설계된 것인데, 보통 두 대를 이어서 사용한다. 로터반에서 절쇄된 찻잎은 옥해기에 올려 체질한 다음, 큰 찻잎은 제3의 로터반이나 CTC로 옮겨 한 번 더 유절하여 형태를 갖추도록 하는 방식이다. 찻잎을 잘게 자르고 찢어 BOP(broken orange pekoe) 등급의 찻잎과 CTC 기계에 넣을 수 있는 찻잎을 만든다.」

4) CTC 기계에 넣기

로터반 기계에서 잘린 찻잎은 CTC 기계로 넣어 잘리고 찢기고 말리기를 반복한다. CTC 기계는 상하 2개의 작은 롤러에 작은 칼날이 장착되어 있는데, 찻잎을 그 사이로 말려들게 하여서 롤러의 압력과 회전에 의해 작업이 이루어진다.

5) 산화

산화 과정은 부서지고 찢기고 휘말린 찻잎을 두껍게 쌓아놓고 온도

25℃와 90% 이상의 높은 습도에서 산화를 시키는데 산화 시간은 길지 않으며 대체로 20~40분이면 품질이 결정된다.

6) 건조

산화 과정이 끝나면 건조의 과정을 거쳐야 하는데 95~98℃의 높은 온도의 건조기에서 20분 전후로 해서 수분 함유량을 3~4%가 되게 한다. 이렇게 건조된 차는 작은 과립 형태의 홍차가 완성된다.

7) 분류

CTC의 경우에는 잎줄기도 찻잎에 넣어 가공하기 때문에 선별 작업은 따로 필요가 없다. 하지만 진동판에 넣어 부스러기 형태의 찻잎과 과립 형태의 찻잎은 분류한다. 이렇게 만들어진 과립 형태는 2~3mm의 큰 것과 1mm의 작은 것이 있다.

8) 포장

선별 작업이 끝난 과립 형태의 차와 더 작은 사이즈의 차는 크기에 따라서 각각 벌크에 담아서 보관하다가 티 경매장으로 이동한다.

3. 홍차의 블랜딩

오늘날 홍차 브랜드사들은 해마다 수없이 많은 블랜딩 제품들을 새롭게 개발하고 출시하고 있다. 블랜딩이란 제조 과정에서 서로 다른 2가지 이상의 차를 섞거나, 베이스의 차에 여러 재료를 섞어 입맛에 맞는 새로운 티를 창조하고 개발하는 것을 말한다. 예를 들어, 찻잎과 허브의 만남, 찻잎과 향신료의 만남, 찻잎과 찻잎의 만남 등이다. 이런 블랜딩을 하는 전문가들을 티 블랜더라고 하는데 이들의 손길에 의해 완성된 차는 브랜드별로 상품화가 되어 탄생된다. 홍차는 그 해의 채엽 시기와 기후, 강수량, 일조량 등 여러 환경 조건에 따라서 품질이 달라지기 마련이다. 그런데 홍차를 구입하는 소비자의 입장에서는 같은 브랜드의 품질이 해마다 다르다면 곤혹스럽지 않을 수 없다. 더욱이 품질에 따라 매년 가격이 달라진다면 안정적인 구매가 이루어질 수 없다. 그래서 회사마다 특정한 품질의 차를 한결같은 맛과 가격으로 공급하는 것이다. 따라서 홍차의 배합 비율과 배합기술은 회사마다 철저한 비밀에 부친다. 일정한 품질과 가격을 위해서는 배합할 원료 차의 종류와 비율을 설정하고 지역의 티 옥션을 통해서 구입하게 된다. 전 세계 모든 산지의 원료 차의 특성과 생산시기 등에 정통하여만 가능한 일이다. 새로운 홍차의 수색과 맛과 향기를 소비자들이 만족할 수 있도록 블랜딩하기 위해서는 수없이 많은 제품들을 실험과 테스팅(testing)을 해야만 한다.

4. 홍차의 산화(발효)

차는 가공과정에 있어 미생물에 의한 발효와 산화 효소에 의한 산화에 따라서 발효와 산화로 나눌 수 있다. 홍차의 산화(발효)란 일반적으로 말하는 미생물에 의한 발효가 아닌 적당한 온도와 습도에서 찻잎 속에 들어 있는 산화 효소인 폴리페놀옥시데이스(polyphenoloxydase)에 의해 산화되어 오렌지색의 테아플라빈(theaflavin)과 붉은색의 테아루비긴(theabrownine), 그리고 암갈색의 테아브로닌(theabrownine) 등으로 변하면서 여러 가지 복합적인 화학성분과 변화에 의해 독특한 향기와 맛 그리고 수색을 만들어 내는 작용을 말한다. 산화작용이차에 관여하는 효소로는 폴리페놀옥시데이스(Polyphenoloxydase), 카탈레이스(Catalase), 퍼옥시데이스(Peroxidase), 아스코르베이트 퍼옥시데이스(Ascorbate peroxidase)등이 있다.

5. 홍차의 3가지 색소

홍차의 색소 성분을 크게 나누면 차나무 체내의 색소 성분과 차의 탕색에서 보이는 색소 성분을 말한다. 차의 탕색에는 불용성인 지용성 색소와 수용성인 색소가 있다. 지용성 색소 성분은 차의 건물질 색택과 우린 엽저의 색깔에 영향을 미치고, 수용성 색소는 차탕의 수색에 영향을 미친다. 수용성 색소 중에는 '테아플라빈, 테아루비긴, 테아브로닌'을 가리켜 홍차의 3가지 색소라고 한다.

1) 테아플라빈(theaflavin)

홍차의 품질과 가장 밀접한 관계를 갖는 색소는 바로 테아플라빈이라고 할 수 있다. 테아플라빈은 등황색을 띠는 바늘 모양의 결정이다. 홍차 차탕의 밝기를 결정하는 중요한 성분으로 함량이 높을수록 황금색을 띤다. 홍차의 차탕에서 보이는 '골든링' 현상이 바로 테아플라빈에서 비롯된 것이다. 테아플라빈은 활성산소를 제거하거나 암세포 증식과 확산을 막는 효과가 있으며, 항바이러스 작용과 항균 작용을 하여 장내 세균을 억제하거나 죽이는 역할을 하여서 장의 면역기능을 향상시킨다.

2) 테아루비긴(thearubigin)

테아루비긴은 붉은 수색을 띠며 차탕의 붉은색을 형성하는 중요한 물질이다. 테아루비긴의 구조나 화학적 조성, 생물학적인 성질 등이 아직 명확하게 밝혀지지 않았기에 구체적인 효능에 대한 연구는 많지 않다. 하지만 2007년 중국의 왕화(王華)는 기문홍차 속의 테아루비긴을 실험한 결과 테아루비긴의 함량이 높을수록 활성산소를 제거하는 효능이 높다고 밝혔다.

3) 테아브로닌(theabrownin)

테아브로닌은 암갈색을 띠며 홍차 가공 중 장시간 위조와 고온산화로 인한 산소결핍에 의해 생성된다. 홍차에 있어 테아브로닌의 함량이 많을 수록 수색이 어둡고 맛도 약해지기 때문에 홍차의 품질이 떨어진다. 그러나 보이차의 경우에는 유용한 물질로 작용한다. 테아브로닌의 효능은 고지혈증을 감소시키고 항산화 작용을 하는 효과가 있다.

7. 홍차의 성분

1) 홍차의 카테킨(Catechin)

카테킨은 페놀화합물의 일종이며, 페놀은 녹색식물이 광합성작용으로 생성된 당의 일부가 변화한 2차대사 물질이기도 하다. 페놀은 벤젠고리 C6H6의 수소 중 하나가 수산기 - OH로 치환된 물질이며, 수산기를 2개 이상 갖고 있는 물질을 폴리페놀(polyphenol) 또는 다가페놀이라 한다. 카테킨은 광합성에 의해 형성되므로 찻잎 따는 시기가 늦어질수록 카테킨 함량이 많아지며 또 90℃ 이상의 높은 온도에서 용출이 잘 되는 물질이다. 카테킨의 효능은 살균작용, 해독작용, 지혈작용, 소염작용 등이다. 지금까지 밝혀진 카테킨은 모두 12가지인데, 이 중에 카테킨 함량을 가장 많이 차지하고 있는 것은 C(catechin), EC(epicatechin), GC(gallocatechin),

EGC(epigallocatechin), ECG(epicatechingallate), EGCG(epigallocatechin gallate)이다. 이 중 C, EC, GC, EGC은 온화한 쓴맛은 내는 유리형(遊離形) 카테킨 또는 간단 카테킨(simple catechins)이라 하고, ECG와 EGCG는 쓰고 떫은맛의 에스터형(ester type) 카테킨 또는 복잡 카테킨(complex catechins)이라 한다. 특히 카테킨의 종류 중 EGCG(Epigallocatechingallate)의 에스트형 카테킨은 노화 억제와 활성산소를 방지하는 강력한 항산화력을 갖고 있다. 차에서 가장 중요한 성분이 카테킨이다. 카테킨은 차의 품질의 색(colour), 향(aroma), 맛(taste)뿐 아니라 가공 과정의 산화 등 모든 분야에 관여하고 있다. 또 카테킨은 엽저에도 영향을 미치는데, 테아플라빈이 높으면 엽저가 등황색이고, 테아루비긴이 높으면 엽저가 적색이며, 테아브로닌이 높으면 엽저는 어두운 갈색으로 나타난다. 카테킨은 가공 과정에서도 산화에 의해서 처음에는 무색이지만 다음은 등황색, 적색, 갈색, 흑갈색 등으로 변하게 된다.

2) 홍차의 카페인(Caffeine)

카페인은 차에 있어서 가장 먼저 발견된 성분으로 1820년 스위스의 화학자 룽게(F.F Runge)가 커피에서 처음 발견하였고, 1827년 영국의 화학자 오드리(K. Oudry)에 의해 찻잎 중에서도 발견되었는데, 처음에는 '데인(thein)'으로 명명(命名)하였지만 독일의 화학자 멀더(C, Mulder)와 욥스트(C. Jovst)에 의해서, 룽게가 커피콩에서 분리한 카페인과 동일한 물질임이 1829년에 밝혀짐으로써 카페인으로 불리게 되었다. 카페인의 분자식은 C8H10N4O2며, 메틸 크산틴 계열의 중추신경 계통의 각성제이다. 카페인은 차를 약용으로 또는 기호 음료로 오랫동안 마시게 한 핵심적인 성분이다. 찻잎 내의 카페인 냄새가 없는 침상의 결정으로 알칼로이드 (alkaloid) 성분이다.

카페인의 작용은 크게 각성작용, 강심작용, 이뇨작용, 피로회복, 기분전환 작용 등이다. 찻잎을 따는 시기가 빠를수록 카페인 함유량이 많고, 또 햇볕을 가려 주면 카페인이 증가한다. 카페인은 뜨거운 물에 잘 우러나오며 특유의 쓴맛을 가지고 있고, 잠을 쫓아 정신 활동을 높이고 활력이 생기고 기억력, 판단력, 지구력 등을 증강하고, 두통을 억제하는 작용을 한다. 또 카페인은 홍차의 가공 과정 중에서 위조공정에서 함량이 증가하는데, 테아플라빈과 결합하면 산뜻하고 신선한 맛을 낼 수 있다. 홍차의 카페인 함량은 커피보다 많지만 커피에 함유되어 있지 않은 카테킨과 테아닌의 길항작용(拮抗作用)으로 생리적 작용이 억제되어 커피보다 부작용이 적은 것이 특징이다. 차나무에 카페인 함량이 가장 많은 부분은 차싹과 첫 번째 잎이고 차의 종자에는 카페인이 없다.

3) 홍차의 향기(aroma)성분

차의 향기 성분은 찻잎 중에 함유되어 있는 휘발성 향기 성분에 의해서 만들어진다. 홍차의 향기는 한 가지 성분에 의해서 나타나는 것이 아

홍차의 주요 향기(aroma) 성분	
주요 화합물	향기 성분의 특징
리날로올(Linalool)	은방울 꽃 향, 감귤류 향
제라니올(Geraniol)	장미꽃 향
메틸자스 모네이트(Methyl Jasmonate)	쟈스민 향
자스민 락톤(Jasmine lactone)	복숭아 향
페닐 아세트알데히드(Phenyl acetaldehyde)	라일락, 히아신스 꽃 향
메틸 부탄올(Methyl butanol)	달콤한 초콜릿 향
헥사놀헵타디에나(Heptadienal)	저장중 묵은 냄새
2-메틸 살리실레이트(methyl salicylate)	민트 향
페닐 에탄올(Phenyl ethanol)	장미꽃 향
네롤리돌(Nerolidol)	사과, 나무향, 백합꽃 향
헥사놀(Hexanoll)	풋풋한 향
벤질 알코올(benzyl alcohol)	사과향

니고, 복합적인 작용으로 나타난다. 찻잎의 향기 성분은 비등점(沸騰點)이 높기 때문에 가공된 잎에 대부분 잔류되어 다양한 향기로 나타나게 된다. 향기 성분은 차나무 품종, 생장 환경, 재배 기술, 가공 과정 등에 따라 달라지는데, 일반적으로 해발고도가 높고 기후가 서늘하고 주야간 일교차가 크며 하천을 끼고 있는 산간지대에서 생산되는 차에 향기 성분의 함유량이 높게 나타난다. 또 어린잎에는 향기 성분이 많고 잎이 자라면서 향기 성분도 줄어든다. 생엽은 0.02%로 아주 소량이지만, 대부분 위조와 유념, 산화공정에서 새롭게 생성되어 녹차는 생엽의 2배, 홍차는 생

엽의 6배로 나타난다. 지금까지 발견된 차의 향기 성분은 생엽은 80여 가지, 녹차에는 160여 가지, 청차에는 300여 종류, 홍차는 480여 종이 밝혀졌으며. 홍차의 대표적 향기 성분은 과일 향과 화향이 가장 뛰어나다.

4) 홍차의 맛(taste)

홍차의 맛을 나타내는 성분은 차나무의 품종이나 채엽 시기, 채엽 위치에 따라서 성분의 함유량이 다르고 차의 맛(味)도 차이가 난다. 차에는 단맛, 신맛, 쓴맛, 떫은맛 그리고 감칠맛을 내는 성분을 함유하고 있는데, 각종 차류에서 느끼는 맛은 모두 이러한 성분들의 구성과 비례에 따라 다르게 나타난다. 카테킨은 본래 쓰고 떫은맛을 내는데, 카테킨이 산화되어 오렌지색의 테아플라빈이 되면 신맛(酸味)을 내고, 붉은색의 테아루비긴은 단맛(甘味)을 내고, 그리고 갈색의 테아브로닌도 단맛을 낸다. 그리고 카페인과 사포닌은 쓴맛을 내고, 아미노산은 감칠맛을 내며, 가용성당질(solubility glucide)과 일부분의 아미노산은 단맛을, 유기산은 신맛을 낸다. 그리고 홍차의 맛이 산뜻하고 신선한 맛은 카테킨이 산화되어 생성된 테아플라빈과 카페인이 결합된 것이며, 또 일부 산화되지 않는 카테킨이 아미노산과 만나면서 형성된 맛에서 비롯된 것이다. 일반적으로 홍차는 봄차가 여름차보다 맛이 좋고, 해발이 높을수록 신선함이 높아진다. 이는 고산지대의 환경이 봄차의 기후조건이나 차나무의 아미노산을 합성하는 데 유리하기 때문이다.

홍차 브랜드

홍차의 브랜드는 생산 지역이나 설립자의 이름을 딴 제품들이 많다. 다즐링, 캔디, 닐기리, 누와라엘리야, 딤블라, 우바, 아삼, 루후나, 갈레, 기문 등 생산 지역의 이름을 딴 싱글 오리진 티는 모두 제각각 독특한 맛과 향을 지니고 있다. 이처럼 원산지에서 오는 독특함은 지리적인 기후와 요소에 따라 다르다. 시중에 나와 있는 브랜드들은 블랜디드 티 또는 플레이버드 티 종류가 많다. 이런 차들이 유명한 홍차 브랜드로 거듭나기 시작한 것은 식료품점으로 시작했던 토마스 립톤이나, 양초 가게를 했던 포터넘 앤 메이슨, 그리고 커피하우스를 가업으로 이어온 토마스 트와이닝, 잡화상을 하던 잭슨스 오브 피커들리, 프랑스에서 무역상을 하던 자넷 등 많은 브랜드가 오너의 이름을 따서 만들어지고 창립 모태가 되었던 것이다. 티 캐디가 처음 생겼을 때 귀족들은 티 캐디에 가문의 문양을 새긴다거나, 초상화를 넣고 잠금장치를 만드는 등 고급스러운 캐디에 차를 넣어 보관했다. 현재도 티캐디의 포장이 너무나 아름다워서 이를 수집하는 사람이 많을 정도이다. 차를 우리기 전 캐디의 속 내용을 알려면 캐디 외형의 포장을 보면 쉽게 알 수 있다. 이는 홍차 선택에 있어서 꼭 살펴야 할 필수적인 항목이다. 라벨에는 홍차의 브랜드나 제품명, 원산지, 찻잎 상태, 제조사, 유통기한, 원재료명, 마시는 방법, 보관 방법 등이 표시되어 있다. 수많은 홍차 브랜드와 티 캐디의 포장을 보면서 어떤 맛의 홍차를 어떻게 구매하고 어떻게 우려야 할지 고민하고 선택해야 한다. 그러면 지금부터는 시중에 나와 있는 인기 브랜드 홍차들을 하나씩 살펴보고 그 특징들도 알아보기로 하겠다.

1. 트와이닝(Twining)-영국

영국의 트와이닝은 1706년 세계 최초의 상업용 홍차 브랜드로서, 오랜 역사를 자랑하는 홍차 브랜드이다. 런던의 트라팔가 광장에서 커피하우스로 시작한 트와이닝은 17세기 유럽에 처음 차가 소개되고 커피하우스에서 차가 판매되었을 당시에 여성들의 출입이 금지되었다. 그런데 1717년 토마스 트와이닝(Thomas Twining)이 홍차 점문점인 골드 라이언(Gold Lion)이라는 티하우스를 오픈하면서부터 여성들도 출입이 가능하게 되었다. 트와이닝사의 트레이드마크는 '골드 라이언'이라는 황금사자상이다. 현재도 그 사자상은 트와이닝사의 출입구 벽 위쪽에 전시되어 있다. 빅토리아 시절에 트와이닝은 왕실에 홍차 납품권을 얻으면서 영국 왕실과 사업적인 파트너가 되었고, 현재까지 다양한 홍차를 블랜드하여 세계 곳곳으로 수출하고 있다.

2. 포터넘 & 메이슨(Fortnum & Mason) - 영국

세계적인 홍차 브랜드 '포터넘 앤 메이슨'이 생겨난 해는 1707년이다. 윌리엄 포터넘과 휴 메이슨이 협업으로, 역사 깊은 홍차 브랜드 판매점 인 '포터넘 앤 메이슨'을 설립하게 되었다. 윌리엄 포터넘은 앤 여왕 때 궁중의 집사였는데 이를 계기로 왕실과 귀족사회를 연계한 사업을 발전 시켜서 지금까지 이어지고 있다. 포터넘 앤 메이슨의 트레이드마크는, 메이슨사 정문 위쪽 벽에 설치되어 있는 독특한 시계이다. 이 시계는 항 상 4시를 가리키고 있다가 매시간 정각이 되면 포트넘 인형과 메이슨 인 형이 티타임세트와 고풍스러운 촛대를 받쳐 들고 나와서 행진을 하고 다 시 들어간다.

3. 해로즈(Harrods) - 영국

런던의 해로즈 백화점의 홍차로, 국내에서는 공식적으로 판매하는 곳이 없다. 식료품점과 차 무역을 오랫동안 해 온 찰스 헨리 해로즈가

1849년에 오픈했으며, 1880년대부터 블랜디드 티로 유명해지기 시작했다. 해로즈는 홍차 외에도 여러 종류의 티(Tea)들을 판매하기 시작했는데, 1920년대부터는 현대적 기법으로 블랜딩한 차가 더욱 발전하게 되었다. 해로즈의 티들은 가향보다는 다양한 산지의 차들을 블랜딩해서 해로즈만의 맛을 만들어 내는 것이 특징이다. 해로즈의 인기 상품으로는 '해로즈 블랜드 No. 49번과 No. 14번'이다. 해로즈 블랜드 No. 49은 해로즈백화점의 창립 150주년 기념 티이다. 이 상품은 해로즈백화점이 인도 차업 위헌회와 공동으로 개발한 상품으로 인도의 다즐링(Darjeeling), 아삼(Assam), 닐기리(Nilgiri), 캉그라(kangra), 시킴(sikkim) 등 인도산 찻잎 다섯 가지를 블랜딩해서 1999년에 출시된 제품이다. 이 제품 하나로 인도산 찻잎을 한 번에 다 맛보게 되는 셈이다. 그리고 '해로즈 블랜드 No. 14번은 잉글리쉬 브랙퍼스트 티이다. 이 차는 다즐링, 아삼, 실론(Ceylon), 케냐(Kenya) 등의 찻잎을 총집합해서 블랜딩한 유명한 홍차이다. 다양한 찻잎들의 향연으로 깔끔하면서도 묵직하고 깊은 맛이 느껴진다.

4. 트레고스난(Tregothnan) - 영국

원래 영국은 차가 자랄 수 없는 기후 조건이다. 하지만 1997년부터 영국에서도 유일하게 '트레고스난'이란 브랜드의 홍차가 생산되고 있다.

트레고스난은 '계곡 위의 정상에 있는 집'이란 뜻을 가지고 있다. 트레고스난이 생산되는 지역은 런던보다 따뜻한 기후를 가진 콘월(Cornwall) 지방에 있는 다원이다. 중국으로부터 차를 수입하던 영국에 처음으로 다원이 생긴 곳은, 1335년부터 대대로 진귀한 식물들과 나무들로 유명세를 탔던 보스카웬(Boscawen) 가문이다. 이 가문

트레고스난

에서 1990년부터 소유주와 다원 관리자는 차나무를 심기 시작했고, 7여 년의 노력을 기울인 끝에 현재 녹차와 홍차 그리고 다양한 차들을 생산하게 되었다. 트레고스난 티는 영국 자국뿐 아니라 일본에서도 고급 식품점과 호텔 티룸 등에서 판매되고 있다.

5. 포숑(Fauchon)-프랑스

포숑은 프랑스의 유명한 홍차 브랜드로 1886년 파리의 마들렌 광장에서 차 베이커리 등 고급 식료품점을 창업하면서 시작되었다. 포숑은 과일 가향 차가 중점적으로 알려진 플레이버드 티이다. 그중에서도 애플티가 가장 인기 상품인데 스리랑카산의 차엽 베이스에 1% 미만의 사과향을 첨가해서 만들어진 제품이다. 실론의 가벼운 바디감이 시원한 목

넘김으로 갈증을 해소하고, 입안 가득히 퍼지는 향긋한 사과 향이 진하게 느껴지는 국내에서도 많이 알려진 브랜드이다.

6. 마리아쥬 프레르(Mariage Freres) - 프랑스

프랑스 최초의 홍차 회사인 마리아쥬 프레르는 포숑과 함께 프랑스에서 가장 유명한 브랜드이다. 앙리 마리아쥬(Henri Mariage)와 에두아르 마리아쥬(Edouard Mariage) 형제가 1854년에 6월에 마리아쥬 프레르 티 컴퍼니를 설립한 회사이다. 마리아쥬 프레르의 가장 인기 상품은 '마르코 폴로'와 '웨딩 임페리얼'이다. 웨딩 임페리얼은 우아한 결혼식의 달콤함과 동시에 아삼 특유의 수색과 맛이 입 안 가득 퍼지며 초콜릿 향과 캐러멜 향이 진하다. 마르코폴로도 베스트 홍차로 꽃과 과일향을 가미한 섬세하면서도 상큼하고 달콤한 초콜릿 향이 느껴지는 플레이버드 티이다.

7. 다만 프레르(DAMMANN FRERES) - 프랑스

다만 프레르는 프랑스의 역사가 깊은 티 전문 브랜드이다. 1692년 프랑스 루이 14세에게 프랑스 티 독점권을 부여받으면서 다만 프레르만의 역사가 시작되었다. 320년의 역사를 자랑하는 다만 프레르 회사의 핵심 노하우는 독창성에서 비롯된다. 이 회사는 다만 프레르만의 향 전문가

(Flavorist)를 통한 블랜딩으로 우아한 향기와 수색의 정교한 블랜드 차들이 생산되는 명품 티 브랜드이다. 이 회사의 인기 상품은 다만 프레르를 상징하는 '푸른 정원'이란 뜻을 가진 '쟈넹 블루' 티가 인기 상품이다. 한 번 맛보면 절대 잊을 수 없는, 푸른빛의 수레국화 꽃잎과 노란 해바라기 꽃잎이 실제 들어있는 것을 볼 수 있다.

8. TWG

(The Wellness Group)-싱가포르

TWG는 22세에 차를 처음 시작한 모로코계 프랑스인 타하북딤(taha Bouqdib)이 창업주이다. 이 브랜드는 2008년에 싱가포르 라이프 스타일 회사인 Wellness Group의 TWG 자회사로 창립되었다. 이 회사의 트레이드마크는 진노랑색 포장 통과 타원형라인 안에 '1837'이란 숫자가 적혀있는 마크이다. 이 '1837'이란 숫자는 언뜻 보면 오랜 역사를 가진 브랜드로 착각하는 경우가 있다. 그러나 사실 '1837'이라는 숫자의 속뜻은 싱가포르 상공회의소 설립을 기념한 해이다. 이때 차 무역이 자유화되고 싱가포르는 동서양의 차 무역의 중심지로 발전했다는 것이다. 이 회사는 38개국의 45개 지역에서 100곳 이상의 다원과 거래를 하고 있으며, 현재 800여 종류의 다양한 차를 판매하고 있는 회사이다.

9. 루피시아(Lupicia) - 일본

일본의 홍차 최대 규모의 차 전문 브랜드로서 역사는 그리 길지 않다. 한국 사람들이 좋아하는 루피시아의 인기 상품은 벚꽃 향이 나는 '사쿠람보'가 있다. 영롱한 자태를 가진 루피시아의 베스트셀러이다. 둥근 형태의 티 캐디에 상쾌한 향기가 마음을 자극하고 신선하고 빨갛게 익은 체리를 토핑한 것이 인상적이라 할 수 있다.

10. 오설록의 제주숲홍차 - 한국

오설록은 제주 한라산의 남서쪽에서 위치한 한국의 차 브랜드이다. 오설록은 태평양화학의 아모레퍼시픽 창업주인 고(故) 서성환 회장의 지시로 1979년에 만들어져, 현재는 100만 평 규모의 다원과 차 공장을 만들어 낸 회사이다. 오설록 제주숲홍차는 쓰고 떫은맛이 적고 부드러운 과일 향미를 느낄 수 있는 맛있는 홍차이다

2부

영국의 다양한 티 타임

영국의 다양한 티 타임

19세기 중반 인도에서 아삼 티가 동인도회사에 의해 수입되면서 영국에서는 홍차의 티타임이 생활화되기 시작했다. 아침에 눈을 떠서 잠자리에 들 때까지 여덟 번의 티타임이 생겨났다. 영국은 오늘날에도 3~4번 정도의 티타임을 가질 정도로 차를 많이 마시고 즐기는 나라이다.

그들은 찾아오는 손님에게 Tea에 관해서는 넉넉하고 관대하였다. 영국인들이 하루에 마시는 다양한 티타임의 종류를 알아보면 다음과 같다.

1) 얼리 모닝 티(Early Morning Tea)

이 티타임은 아침 일찍 눈을 뜨자마자 침대에서 잠을 깨기 위해 마시는 차라고 해서 베드 티(Bed tea)라고도 불린다. 보통은 남편이 일터로 나가기 전에 연하게 우린 차를 자신이 한잔 마시고, 또 한잔은 침대에 있는 아내에게 놓고 나간다. 유일하게 남편이 우려 주는 차로써, 차의 맛에 따라 남편 사랑의 척도를 알수 있다고 한다.

2) 브렉퍼스트 티(Breakfast Tea)

든든한 아침 식사와 함께 마시는 차로써, 밀크티로 많이 마셨다. 이때는 아침에 정신을 맑게 하고 하루를 시작하기 위해 다즐링 티 또는 잉글리쉬 브렉퍼스트 티나 아삼 티와 같은 진한 차에 우유를 넣어 밀크티로 마셨다.

3) 일레븐지스 티(Elevenses Tea)

오전 11시경의 티타임으로 모닝 브레이크 티타임이라고도 하는데, 영국에서 가장 간단한 티타임을 말한다. 오전에 하던 일을 잠시 멈추고 간식을 먹을 때 곁들여 마시는 차이다.

4) 미드 티(Mid Tea)

간단한 점심 식사를 마친 후, 간식을 먹으면서 가볍게 곁들여 마시는 차이다. 오후 1시~2시 사이에 마시는 차로, 오후 시간에 활력을 주거나 기분 전환을 위해 향이 좋은 플레이버드 티나 과일과 블랜딩된 차들을 마시기도 한다.

5) 애프터눈 티(Afternoon Tea)

19세기 영국의 귀족 계급에서 점심과 늦은 저녁 식사 사이의 허기를 채우기 위해, 오후 4시~5시 사이에 샌드위치, 스콘, 쿠키, 케이크 등을 3단 트레이에 담아서 홍차와 함께 먹는 것이다. 이 타임은 하루의 티타임 중에서 가장 화려하며 모든 것을 갖추어서 하는 티타임이다.

6) 하이 티(High Tea)

모든 문화는 위에서부터 아래로 흐른다. 그러나 차에 있어 유일하게 아래에서 위로 전해진 차 문화가 하이 티타임이다. 하이 티는 19세기 후반 스코틀랜드와 북잉글랜드 노동자 계층에 의해서 정착된 것으로, 밤 5~6시 사이에 육류 요리를 곁들이는 티타임이다. 당시 영국은 산업혁명으로 인해 낮에는 너무나 힘들게 일하고, 집으로 귀가한 후 급하게 배고픔을 달래기 위해서 티타임을 가졌다. 하이 티의 메뉴로는 큰 덩어리의 고기나 두껍게 썬 빵, 햄이나 케이크 맥주 등 저녁 식사처럼 푸짐하고 열량이 높은 음식들로 이루어졌다. 또 하이 티는 낮은 테이블이 아닌 높은 테이블에서 먹었다고 하여, 하이(high) 티로 이름 붙었다. 당연히 상류층에서 즐기는 고급스럽고 우아한 티타임과는 성격이 다른 편안한 티타임이다.

7) 애프터 디너 티(After Dinner Tea)

저녁 식사 후 느긋하게 휴식을 즐길 때 마시는 차로써, 가족과 응접실에 모여 간단한 쿠키 등과 함께 가볍게 마셨다. 또 이때는 알콜이 포함되고, 남편도 향이 좋은 위스키를 조금 타서 스피리치 티로 마시기도 했다.

8) 나이트 티(Night Tea)

잠자기 전에 마시는 차로써 이때는 부드럽고 연해서 잠이 잘 올 수 있는 따뜻한 밀크티나 아로마 계열의 허브티 같은 종류의 차를 마셨다.

1. 애프터눈 티(Afternoon Tea)의 유래

19세기 영국은 산업혁명으로 인하여 귀족들의 저녁 식사 시간이 늦어졌기 때문에, 점심과 저녁 사이에 허기를 달래기 위해 차려진 것이 애프터눈 티의 시작이었다. 애프터눈 티는 영국인들의 신성한 티 문화라고도 할 만큼 예스러운 에티켓이 필요했다. 애프터눈 티를 처음 시작한 사람은 영국의 베드포드 가문의 7대 공작부인인 안나 마리아(1788~1861)이다. 그녀가 오후의 공복을 달래기 위해 사람들을 초대해 티푸드(Tea foods) 등을 곁들여 차를 대접함으로써 탄생된 것이다. 19세기 영국 귀족들의 식사는 아침은 든든하게, 점심은 가볍게, 저녁은 밤 8시경 정찬으로 먹었다. 19세기에는 경제 발전의 여파로 빠르게 상류사회에 유행처럼 번져서, 중산층과 일반인들에게까지 확산되었다. 이때 상류사회 여주인들은 고가의 은그릇과 도자기 접시 등을 쌓아놓고 자랑하며 서로 테이블 세팅 기술과 푸드까지 경쟁하기도 하였다. 이렇듯 애프터눈 티는 가장 문명화된 티 문화로 발전하게 된 것이다. 이런 티파티를 즐기면서 올바른 매너와 에티켓은 서로 간에 지켜야 할 규율이었다. 애프터눈 티가 영국인들의 생활 속에 정착하게 된 것은 빅토리아 시대부터이다.

1) 애프터눈 티의 준비

(1) 초대장

빅토리아 시대에는 계급의식이 강하였기 때문에 애프터눈 티 파티의 초대 손님을 결정하는 것은 매우 중요하고 신중한 일이었다. 초대장은 반드시 1~2주 전에 보내고, 초대장엔 파티의 목적, 장소, 시간, 의상과 마치는 시간까지도 적었다. 초대받은 사람은 초대를 받아들일지 거절할지를 공식적으로 답장하는 것이 매너이다.

애프터눈 티(Afternoon Tea)
초대장

애프터눈 티 파티에 소중한 당신을 초대합니다.

날짜: 0월 00일(0요일) 오후 3시~5시
장소: 0000 000
드레스코드: 정장 or 세미 정장
제공되는 Teas: 인도(Darjeeling)
실론(Ceylon)
한국(오솔록 숲 Tea)

❖ 실내 좌석 배치 준비를 위해 참석가능 여부를 알려 주시기 바랍니다.

(2) 티 테이블 세팅(Tea Table setting)

테이블 세팅이란 어떤 목적을 가지고 그 목적에 맞는 테이블을 연출하는 것을 말한다. 티 테이블 세팅은 티(Tea)와 푸드(Food), 그리고 그릇들을 멋있고 우아하게 표현하고 즐기려는 것이다. 그에 따른 이미지는 실내장식, 테이블클로스, 식기류, 커틀러리, 센터피스와 음식에 이르기까지 다양한 요소들이 어우러져서 만들어진다. 또한 참석자들에 대한 숙지와 그날의 컨셉(Concept)에 맞는 테이블 스타일링 계획을 세워야 한다. 더 나아가 단순히 즐기는 티타임만이 아니라 원활한 소통이 이루어질 수 있도록 하는 역할도 중요하다. 티타임은 우아하면서도 격식 있고 아름다우면서도 청결하게 모두가 에티켓을 준수하고 매너 있는 행동으로 최상의 파티가 진행될 수 있도록 해야 한다.

테이블과 티웨어(Tea Wear)는 통일감을 주는 것이 매우 중요하다. 찻잔은 찻잔끼리, 그릇은 그릇끼리, 같은 색의 조화를 이루는 것이 테이블 세팅의 기본이다. 또 티웨어의 배열을 바탕으로 각 티푸드를 담아서 편안한 마음으로 즐길 수 있도록 공간과 분위기를 연출해 내는 것이 중요하다. 테이블 연출이 잘 되었는지는, 테이블에 앉았을 때 전체의 분위기가 통일감이 있는지 또는 얼마나 자연스러운지에 따라 결정이 된다. 마지막으로 테이블 세팅의 순서를 지키며 체계적으로 진행하면 티웨어가 서로 부딪히거나 파손되지 않고 빠르고 쉽게 할 수 있다.

2) 테이블 연출의 아이템

티 테이블은 찻자리를 가지기 위한 가구로 둥근 형태와 반달, 정사각형, 직사각형, 좌식 등 여러 가지 형태와 크기의 테이블이 있는데, 그날의 컨셉과 용도에 따라 튼튼한 것을 선택하면 된다.

(1) 언더클로스(Undercloth)

테이블클로스 아래에 까는 천으로 전체 세팅에 있어 안정감을 주고 테이블보가 이리저리 움직이지 않도록 방지하며, 그릇의 소음과 수분 등을 흡수하여 상쾌한 분위기를 느끼게 해 주기도 한다. 소재는 약간 두꺼운 천이 무난하다.

(2) 테이블 클로스(Table cloth)

테이블 클로스는 테이블 전체의 분위기를 연출해 내는 가장 중요한 소재이다. 계절과 분위기에 맞게 고급스러운 소재로 연출하는 것이 기본이다. 티웨어와는 재질감의 통일성을 주어야 하며, 일반적으로는 세탁에 용이한 천연 소재나 직물로 짠 리넨(Linen)을 많이 이용하고 있다. 테이블 클로스의 길이는 테이블 높이의 반쯤까지 드리워지게 하는 것이 기본이지만, 일반 가정에서는 테이블 끝에서 30cm 정도 떨어지게 하면 충분하다. 애프터눈 티 테이블의 경우에는 테이블의 다리가 보이지 않도록 하는 것이 이상적이라 할 수 있다.

(3) 테이블 클로스의 색채

테이블의 색채는 그날의 목적을 전달하는 가장 빠른 방법으로, 다양하게 연출할 수 있다. 분위기를 위해서는 색채의 기본 원리를 이용하고 그것을 바탕으로 계획을 세워야 한다. 계절과 색은 밀접하고 불가분의 관계가 있다. 봄에는 새싹과 생명력을 연상시키는 노란색이 섞인 색과 따뜻한 느낌의 색이 좋고, 여름에는 흰색과 푸른색을 기본색으로 하고 부드럽고 차가운 느낌을 주는 계열의 색이 많이 쓰인다. 가을에는 황금색의 들판과 낙엽이 연상되는 진노란색과 빨간색이 좋으며, 겨울에는 채도와 명도가 높고 선명한 빨간색과 검은색 그리고 무거운 느낌의 색에 흰색과 회색을 섞으면 심플하고 세련되며 도회적인 이미지를 줄 수 있다.

테이블클로스 - 색상 이미지 느낌

색상	이미지 느낌
흰색	깨끗하고, 단아하고, 청순함
블랙	품위, 권위, 고급스러움
그린	싱싱하고, 산뜻하고, 안정감
레드	에너지, 생명력, 긍정적
옐로우	밝고, 귀엽고, 희망적
블루	시원하고, 젊음, 냉정함
퍼플	세련되고, 신비롭고, 섹시함
네이비	단정하고, 세련된 느낌
브라운	부드럽고, 우아하고, 중후함
오렌지	개방적이고, 상큼하고, 활기
베이지	부드럽고, 따뜻함
그레이	지적이고, 차분하고, 세련됨

4) 테이블 러너(Table runner)

테이블 중간에 길게 가로로 깔거나 세로로 다양하게 까는 천으로, 폭은 20~40cm가 보통이고, 길이는 120~220cm 정도가 보통이다. 길이와 폭은 테이블의 크기와 용도에 따라서 자유롭게 선택할 수 있다. 러너는 테이블의 크기에 따라서 까는 위치나 소재와 색채 등을 다양하고 자유롭게 연출할 수 있다.

5) 테이블 매트(Table mat)

개인 자리를 지정해 주는 용도로 쓰이며, 기본적인 매트의 크기는 세로35cm×가로45cm이다. 테이블 매트는 테이블을 더욱 우아하게 하는

데, 테이블 클로스와 그릇들과 통일성을 살려 모양과 색채를 선택할 수 있다.

(6) 센터피스(Centerpiece)

센터피스는 테이블의 장식적인 역할을 하며 대부분 테이블 중앙에 놓이는데, 어느 방향에서도 보기 좋도록 사방향으로 장식하는 것이 좋다. 센터피스의 크기는 기본적으로 마주 앉은 사람과 시선에 방해 되지 않을 정도의 높이로 한다. 색

도자기 꽃 포지

채는 그날의 테이블 클로스나 다구의 색깔에 맞춰서 디자인할 수 있다. 다구가 화려하다면 센터피스 색채를 단순하게 줄이고, 다구가 순수한 색 이라면 센터피스를 좀 더 화려하게 디자인할 수 있다.

르네상스 시대의 사람들은 과일과 야채를 테이블 위에 장식하는 것을 즐겼고, 빅토리아 시대에는 빨간 장미꽃으로 앞의 사람이 보이지 않을 만 큼 입체적으로 장식하기도 하였다. 센터피스는 19세기 중엽에 이르러 더 욱 널리 이용되었고, 이때부터는 왕족과 귀족, 중산층까지도 크고 작은 꽃이나 여러 가지 과일, 그리고 꽃을 대신한 도자기꽃, 촛대, 야드로 인형 등으로 테이블을 장식하였다. 센터피스 소재로는 생동감을 주는 계절의 포인트로 나타낼 수 있는 제철의 소재를 사용하는 것이 가장 좋다. 향기

가 강한 꽃이나 가루가 날리는 꽃은 피하고, 너무 과장된 장식은 피하고, 조화나 드라이플라워는 사용하지 않는다. 이렇듯 센터피스는 테이블에 다양한 이미지를 연출하는 매우 중요한 소재가 되고 있다.

(7) 센터피스의 종류

센터피스 꽃의 색과 의미

하얀색 꽃: 안정감과 순수함을 상징하며 어떤 것과도 잘 어울린다.

분홍색 꽃: 따스한 느낌과 부드럽고 편안하게 스트레스를 감소시키고 긴장을 풀어준다.

푸른색 꽃: 눈의 피로와 흥분된 감정을 진정시켜 준다.

빨간색 꽃: 정렬적이며 신경을 자극하여 기분을 상승 시킨다. 에너지와 활력을 주며 크리스마스 파티에 잘 어울린다.

노란색 꽃: 혈액순환을 촉진시키고, 기분을 상승시키는 효과를 준다.

봄을 주제로 하는 파티나 테마에 잘 어울린다.

(8) 커트러리(Cutlery)

나이프(Knife), 포크(Fork), 스푼
(Soon) 등 음식을 먹는데 필요한 도
구를 총칭해서 커트러리 또는 플랫
웨어(Flatware)라고 말한다. 커트러리
는 개인용과 공용으로 나눌 수 있고,
크기에 따라 메인용과 디저트용으로
분류하기도 한다.

개인용

케이크 포크, 나이프, 스푼(cake fork, knife, spoon), 약 16cm

디저트 포크, 나이프, 스푼(dessert fork, knife, spoon), 약 19cm

테이블 포크, 나이프, 스푼(table fork, knife, spoon), 약 20cm

(9) 테이블의 그릇들

티 테이블 세팅에 사용되는 그릇들은 계절과 그 용도들을 미리 숙지하
고 자기만의 컨셉을 통해 최대한 효율적으로 활용하여 통일감 있는 연출
과 음식의 배열을 디자인할 수 있다.

① 접시(Plate)

플레이트는 불어에서 유래된 것으로 둥근 모양이라는 의미를 담고 있다.

접시 세팅은 개별용 접시와 음식 서빙을 위해 쓰이는 서빙용 접시로 나눌 수 있다. 접시의 종류는 일반적으로 디너 접시, 샐럿 접시, 브레드 접시, 버터 접시 등이 있다. 접시는 일반적으로 바닥이 납작하고 가장자리가 올라온 평편한 모양을 한 그릇의 총칭이다. 접시는 테두리가 있는 접시와 테두리가 없는 쿠프형 접시 구분되며 그 용도나 목적은 다양하다.

② 접시의 종류

가) 서비스 접시: 정찬용의 위치 접시로 지름이 약 28~35cm 정도이다.

나) 디너 접시: 메인 요리를 담을 때 사용하는 것으로, 서비스 플레이트가 없을 경우 위치 접시 역할을 한다. 지름이 약 25~28cm 정도이다.

다) 샐러드 접시: 샐러드를 담는 개인 접시로 지름이 약 20~21cm 정도이다.

라) 디저트 접시: 여러 가지 디저트를 담는 접시로 지름이 약 17~20cm 정도이다.

마) 브레드 접시: 빵 종류를 담는 접시로 지름이 15~18cm 정도이다.

③ 볼(Bowl)

가) 시리얼 볼: 시리얼을 담을 때 사용하는 그릇으로 지름이 약 14~16cm 정도이다. 오트밀 볼이라고도 한다.

나) 수프 볼: 수프를 담는 그릇으로 지름은 약 12~22cm 정도이다.

다) 부이용 컵: 손잡이를 들고 수프를 마실 수 있는 그릇으로 지름이 약 9.5~11cm 정도이다.

(10) 테이블 액세서리(Table Accessories)

테이블 액세서리는 티 테이블 세팅에 꼭 필요한 아이템은 아니지만, 테이블 연출에 있어 활기와 아름다움을 더해주는 것들이다.

① 티 냅킨(Tea napkin)

티타임용은 40×40cm 또는 30×30cm이다. 냅킨은 접는 방법이 다양하지만, 되도록 간단한 방법으로 접거나 냅킨 링이나 끈으로 묶어서 세팅할 수 있다.

② 냅킨 링(Napkin ring)

다양한 모양과 재질이 있는데, 테이블보 또는 티웨어나 매트에 어울리도록 유사한 색상의 계열로 연출하면 안정된 느낌을 줄 수 있다.

③ 클로스 웨이트(Cloth weight)

테이블 클로스의 모서리 끝에 다는 액세서리로 주로 가든파티 세팅을 할 때 사용하며, 테이블 클로스가 바람에 날리는 것을 방지하기 위한 것이다.

④ 네임 카드(Name card)

네임 카드는 여러 명이 함께하는 테이블에 자리를 정해주는 역할을 한다. 세련된 찻자리가 되려면 네임 홀더(name holder)에 그날 오시는 손님의 이름을 적어 놓으면 손님은 대접받는 느낌을 가질 수 있다. 네임 카드는 샐러드 접시 앞쪽에 두면 된다.

⑤ 나이프 레스트(Knife rest)

우리나라의 수저받침과 같은 용도로 쓰이는 것으로 커트러리를 세팅할 때 사용한다.

⑥ 도일리 페이퍼(Doily paper)

음식을 담는 접시나 3단 트레이 등에 까는 종이로 케이크나 스콘, 브레드, 티푸드 등을 놓기 전 깔아서 사용한다.

3. 다양한 테이블(table) 스타일

1) 클래식(Classic)

테이블 스타일링에 있어서 클래식 스타일은 빅토리아 여왕의 화려한 영국 스타일을 말한다. 테이블 연출은 호화롭고 격조 있는 느낌으로 고급스러운 도기들을 사용하며, 밝은 톤보다는 전체적으로 중후한 이미지로 분위기를 연출할 수 있다.

2) 엘레강스(Elegance)

엘레강스 스타일은 우아하면서도 부드러운 곡선을 살린 세련된 스타일의 세팅법이다. 강한 색보다는 전체적으로 밝고 여성적인 분위기다.

3) 모던(Modern)

모던 스타일은 심플하고 차가운 느낌을 주며 진보적인 이미지가 특징이다. 모던 스타일의 연출에서 테이블 클로스는 기본적으로 민무늬 계열을 많이 사용하며 경우에 따라 한두 가지의 색으로 포인트를 주기도 한다.

4) 캐주얼(Casual)

캐주얼 세팅은 특별한 규제 없이 자연스럽게 하는 것을 원칙으로 한다. 친구나 가족을 대상으로 할 수 있고, 소재보다는 색상의 선택에 따라 다양하게 스타일링할 수 있다. 티웨어도 자유롭게 선택할 수 있으며 커트러리도 고급스러운 것보다는 심플한 것을 사용한다. 센터피스는 자연스러움이 느껴지는 들꽃 한두 송이로 캐주얼한 느낌이 나도록 연출할 수 있다.

5) 하드 캐주얼(Hard Casual)

하드 캐주얼 스타일은 딱딱하고 거칠고 강한 힘이 느껴지는 연출이 특징이다. 하드 캐주얼의 연출법은 자연스러운 멋이 특징이므로, 식기는 세트보다는 서로 다른 디자인과 약간 투박스러운 도기의 재질이 어울리며, 오래된 듯한 소품으로 자연스러운 분위기를 연출하는 데 주력하면 된다.

3. 티 테이블 세팅 순서

티 테이블 세팅 시 주의해야 할 사항은, 테이블 클로스나 티웨어 그리고 센터피스 등을 모두 합쳐서 세 가지 이상의 색상을 나열하게 되면 통상적으로 테이블이 복잡하거나 난해해질 수 있다는 것이다. 또한 테이블의 색채가 단순하더라도 티웨어의 숫자가 너무 많으면 테이블이 복잡하고 어지럽게 된다. 이러한 점을 고려해서 테이블 연출을 순서대로 하면 된다. 티 테이블 세팅 문화는 서양에서 들어왔기 때문에 양식을 기준으로 해서 세팅한다.

1) 테이블 모양을 선택하고 세팅할 위치를 정한다.

2) 언더클로스를 깔고 테이블 클로스를 깐다.

3) 개인 매트를 쓸 건지 아닌지를 결정한 다음, 러너를 테이블 중앙에 가로로 길게 폭과 길이 색깔을 맞추어 깐다.

4) 테이블 끝에서 2~3cm 안쪽으로 샐러드 플레이트나 디저트 플레이트를 세팅한다.

5) 공간이 좁으면 샐러드 접시 위에 찻잔 받침(소서)과 찻잔을 포개어 세팅하고, 티포트도 준비한다. 찻잔을 포개놓지 않으면 앞접시 오른쪽에 놓는다.

6) 티웨어 색깔에 맞추어 센터피스를 디자인해서 테이블의 중앙에 세팅한다.

7) 샐러드 접시를 기준으로 오른쪽에 나이프 레스트(Knife rest)를 놓고, 그 위에 커트러리를 놓고, 오른쪽에 냅킨을 세팅한다. 냅킨은 샐러드 접시

위에 세팅하는 경우도 많다.

8) 디저트용 식기류는 중앙 상단에 세팅한다.

9) 크림이나 잼, 그리고 버터나이프, 티스푼, 집개 등도 준비한다.

10) 센터피스의 캔들과 네임카드, 도일리 페이퍼 등도 깔아 준다.

11) 마지막으로 3단 트레이와 접시(plate) 등에 준비한 음식들을 차례대로 등장시켜 세팅한다.

12) 빵(bread)이나 스콘이 세팅될 때는 반드시 버터나이프나 스프레더를 함께 세팅한다.

13) 티타임에 어울리는 클래식한 음악도 준비하면 더없이 우아한 공간이 될 것이다.

14) 마지막으로 홍차를 우릴 수 있는 보조 테이블도 따로 준비하여 세팅한다. 보조 테이블엔 홍차틴을 종류별로 나열하고 티포트와 캐디스푼, 모래시계, 스트레이너, 티코지 등 차를 우릴 준비를 한다.

애프터눈 티푸드 상차림

티 테이블 세팅을 구상할 때 가장 중요한 것이 맛있는 차와 테이블 위의 그릇과 티푸드이다. 티푸드란 홍차와 함께 먹는 음식을 말한다. 애프터눈 티가 상류사회에서 내려온 문화인만큼 티푸드 역시 화려하고 풍성한 상차림으로 이루어져야 한다. 여름에는 시원하고, 겨울에는 따뜻한 종류로 준비할 수 있다. 티푸드의 종류는 샌드위치, 스콘, 브레드, 케이크, 카나페, 파이, 마카롱, 타르트, 머핀, 쿠키, 샐러드, 과일, 비스킷, 초콜릿, 푸딩 등등 종류가 다양하게 많다.

1) 푸드 접시의 형태

티 푸드를 준비할 때는 먼저 계절 감각을 고려하여 테이블을 구상하고 테마와 담을 그릇의 색채와 형태를 조화롭게 스케치해야 한다. 찻자리에 참석하는 성별과 연령대, 티타임 시간과 장

소와 목적에 맞는 그릇 형태도 선택해야 한다. 둥근 형태의 접시는 부드럽고 편안하고 안정적이며, 사각 접시는 세련된 느낌의 정돈된 분위기로 창의적 표현을 줄 수 있고, 삼각 접시는 예리하고 도시적이며 모던하고 균형 잡힌 느낌을 주고, 오벌 접시는 섬세함 신비감을 표현할 수 있고 우아하고 원만한 느낌을 준다. 또 마름모형 접시는 운동감과 평면적인 느낌으로 젊고 활동적인 입체감을 연출할 수 있다.

2) 티푸드의 색채

티푸드 스타일링은 시각적 디자인 연출이다. 푸드의 색채 배합은 2가지 이상의 색을 조합할 때 나타나는 조화와 효과를 말한다. 동일한 배색일 경우 정리된 느낌이 들고, 서로 다른 색을 사용하면 강한 느낌을 준다. 그리고 유사한 배색은 안정적이고 편안한 느낌을 얻을 수 있고, 색의 차이가 구분되지 않을 경우에는 조화롭지 못하게 된다.

3) 티푸드 세팅

애프터눈 티 푸드는 일반적으로 3단 트레이의 각 단에 음식을 세팅하는데, 제일 하단에는 샌드위치 종류를 올리고, 둘째 단에는 보통 스콘 종류나 손으로 쉽게 집어 먹을 수 있는 음식으로 올리면 된다. 그리고 제일 상단에는 케익 또는 달콤한 디저트 종류로 마무리하는 것이 기본 코스이

다. 하지만 케이크는 3단 트레이와는 별도로 케이크 접시에 바로 얹거나 여러 조각으로 잘라 놓으면 되고, 빵은 브레드 접시에 담고 세팅할 때는 반드시 버터 나이프를 함께 갖추어 크림이나 잼을 발라 먹도록 해야 한다. 과일은 별도의 플레이트나 푸르트(fruit) 볼에 예쁘게 장식해서 놓으면 되고, 샐러드도 별도의 플레이트에 세팅하면 된다.

4) 그릇에 담기

① 식기는 기본적으로 테이블 클로스의 색상이나 메뉴 등을 고려하여 선택한다.

② 음식과 그릇의 색과 모양 그리고 러너 색에 통일감을 주어 유사한 색으로 배색한다.

③ 가니쉬(Garnish)는 음식의 배경색을 대비시켜 모양과 빛깔을 돋보이게 한다.

④ 티 푸드 색상의 수를 줄이고 조화롭고 깔끔하게 그릇에 담는다.

⑤ 창의적으로 시각적 변화를 주어 신선한 이미지를 부각시킨다.

애프터눈 티룸 입장

1) 입장 전 해야 할 일

티룸의 도착 시간은 초대 시간보다 5~7분 전에 도착하는 것이 이상적이다.

① 행장실(cloak room)에 큰 소지품은 맡기고 들어간다.

② restroom에 다녀온다.

③ 휴대폰은 진동모드로 바꾼다.

2) 좌석의 배치

주인은 손님의 성격을 파악한다. 주빈이 있는 모임 시 테이블의 위치, 출입구의 위치, 전망 등에 따라 다르고, 동부인 여부, 직위, 테이블 모양, 연령 등 여러 가지 요인에 의해 달라지므로, 중요한 모임에는 반드시 사전에 좌석을 지정해 놓고 안내인을 두거나 네임카드를 올려놓는 것이 바람직하다. 초대를 받았을 시에는 주인이나 종업원이 안내해 줄 때까지 기다리는 게 매너이다. 보통은 호스티스가 앉을 자리를 안내해 준다.

① 가장 중요한 여자 주빈은 호스트의 우측 편에 앉는다.

② 그다음으로 중요한 여자 손님은 호스트의 좌측에 앉는다.

③ 가장 중요한 남자 게스트(guest)는 호스티스의 우측에 앉힌다.

④ 다음으로 중요한 남자 주빈은 호스티스의 좌측에 앉는다.

⑤ 주빈(主賓)이 있는 남자만의 모임엔 주빈은 초청자의 맞은편에 앉는다.

3) 개인적인 공간(personal space)

개인이 사용하는 범위를 말하며, 그 범위는 가로 45cm×세로 35cm로 테이블 매트 규격과 같다. 티 매트(tea mat)는 앞쪽에 까는 깔개로 착석 위치를 지정해 주기도 한다. 옆 사람과의 사이는

20~30cm의 간격을 두고 세팅하면 적당하다.

4) 매너와 에티켓

영국 애프터눈 티타임은 친목과 정보교환의 장이자 사교의 입문 장소이다. 티타임을 주관하는 안주인은 자신의 취향을 보여주는 소중한 물품들을 실내에 진열하고 장식하여 대화가 원활하게 이어나갈 수 있도록 한다. 다른 사람의 험담이나 정치나 종교 그리고 자녀에 관한 이야기보다는 티 브랜드나 티웨어, 티푸드, 그리고 미술품과 실내장식 등이 대화의 주제가 되도록 한다. 안주인은 어느 한 사람에게 편중되어서는 안 된다. 또 손님은 안주인을 독점하여서도 안 된다. 옆 사람과의 언쟁이나 말다툼은 피하고 평화롭고 경쾌한 대화 등을 나누는 것이 티타임의 매너와 에티켓이다. 티 테이블 매너와 에티켓의 목적은 상대방을 존중하고 홍차와 티 푸드를 최대한 맛있고 즐겁게 먹기 위한 일종의 사회적인 약속이다. 매너의 기준은 배려와 겸손에서 나오는 행동으로 나타내는 주관적인 것이고, 에티켓은 행동규범과 사회적인 약속이며 객관적인 것이다. 에티켓의 어원은 프랑스 루이 14세의 베르사유궁전의 정원 팻말에서부터 시작되었고, 18~19세기 프랑스 및 영국의 왕실에 정착되었다. 우리는 손님을 초대했을 때와 초대받아 참석하는 경우에 매너와 에티켓을 지키지 않아서 서로가 불편한 경우가 종종 있다. 티파티에서 매너와 에티켓을 지키는 것은 다른 사람들에 대한 아름다운 마음씨이며 본인의 인격이고 품위를 나타나는 척도이다. 성공적인 티파티가 되기 위해서는 매너와 에티켓을 꼭 실천하여야 한다.

(1) 이미지 메이킹

티타임에서 만나게 되는 사람들에게 어떤 이미지를 가지게 하는지가 자신 위치의 중요한 척도가 될 수 있다. 그렇기 때문에 초대 시간과 장소, 행사의 성격에 맞도록 의상과 화술, 세련된 매너와 좋은 인상 등을 통해 자신의 이미지를 만들어 가는 것이 중요하다.

(2) 의상 매너

티타임에 초대하는 사람은 초대장에 복장 표시를 해 주는 것이 원칙이다. 반대로 티타임에 초대받은 사람은 행사의 성격에 맞는 의상을 갖추어 입고 참석하는 것이 중요하다. 그날에 알맞은 드레스 코드는 타인을 배려하는 매너이며, 또한 타인에게 자신의 이미지를 각인시켜 호감을 유발할 수 있다는 점에서 세밀한 준비가 필요한 것이다.

(3) 모자 매너

모자의 에티켓은 간단히 말하면 실외에서는 쓰고, 실내에서는 벗는 것이 예의이다.

애프터눈 파티에서는 모자를 써도 되지만, 호스티스의 경우에는 쓰지 않는다. 또 가든 티파티에서는 모자를 쓰지만, 저녁 티파티에서는 여자도 모자를 벗는다.

(4) 장갑 매너

실내에서는 여자도 장갑을 벗어야 된다.

여자의 긴 장갑은 이브닝드레스를 입었을 때 착용하는데, 이브닝 장갑 위에 팔찌는 괜찮지만 반지를 끼어서는 안 된다.

(5) 냅킨 매너

냅킨은 티타임이 시작되면 펼쳐서 무릎 위에 놓는다. 그리고 티타임 도중에 자리를 떠날 경우에는 대충 접어서 의자 위에 놓고, 티타임이 끝나고 자리에서 일어날 경우에는 보기 좋게 접어서 테이블 위에 놓고 나간다.

(6) 티타임 순서와 매너

① 티파티에 초빙된 손님들이 도착하면 여주인은 정중한 인사로 맞는다.

② 의자에 앉을 때는 지정된 곳에 자세를 펴고 바르게 앉는다.

③ 티타임이 시작되면 냅킨을 펼쳐 자신의 무릎 위에 놓는다

④ 호텔이나 티룸 티라운지 등에서는 웰컴 드링크(Welcome drink)가 나오면 티타임이 시작된다.

⑤ 차를 마시는 시작은 다른 사람과 함께 보조를 맞춘다.

⑥ 찻자리의 대화는 공동의 관심사를 이끌어 낸다.

⑦ 대화의 주제는 티세트나 티 푸드 그리고 미술품이나 실내장식 등 차와 관련된 내용이 좋다.

⑧ 티타임을 주최하는 안주인은 대화가 원활하게 이루어질 수 있도록 한다.

⑨ 찻잔 손잡이를 잡을 때 권총을 잡듯이 손가락을 끼우지 않고 손잡이를 꼬집듯이 잡는다.

⑩ 찻잔을 들어 올려 입으로 가져갈 때 몸을 앞으로 숙이지 말고 바르게 앉는다.

⑪ 무거운 머그컵은 검지손가락을 찻잔 손잡이에 끼우고 안정감 있게 마셔도 된다.

⑫ 티스푼으로 설탕을 저을 때는 빙빙 돌리지 말고 앞뒤로 살짝살짝 저어준다.

⑬ 티스푼을 사용한 후엔 찻잔 앞쪽에 두는 것이 더욱 매너 있는 행동이다.

⑭ 차를 마실 때 잔 받침(소서)을 받쳐 들지 않고 찻잔만 들고 마신다.

⑮ 티타임 중 포크나 나이프를 떨어뜨렸을 때는 도움을 요청한다.

⑯ 찻잔을 계속 들고 마시기보단 한 모금 마신 후엔 찻잔 받침에 내려놓았다가 다시 들고 마시는 것이 매너이다.

⑰ 티타임 중 휴대폰은 진동모드로 하고, 혹시나 전화가 걸려오면 옆사람에게 양해를 구하고 자리에서 일어선다. 티타임 중에는 이석을 하지

않는 것이 좋다.

⑱ 테이블과의 거리가 먼 경우나 가든파티의 스탠딩(Standing)일 경우에 찻잔 받침(소서)을 들고 검지손가락을 찻잔 손잡이에 끼워서 마시면 된다.

⑲ 본인이 마신 찻잔에 립스틱이 묻어 있다면 손이나 페이퍼 냅킨으로 살짝 닦는다.

⑳ 티파티 장에서는 너무 오래 머물지 말고 적당한 시간에 떠나는 게 매너이다.

(7) 찻잔 손잡이 잡는 방법

① 찻잔의 손잡이를 잡을 때 권총을 잡듯이 손가락을 끼우지 않는 이유는 유럽에서는 외설적이고 품위 없는 행동으로 간주하기 때문이다. 찻잔 잡는 방법은 엄지와 검지를 손잡이 구멍 안에서 꼬집듯이 만나게 하고, 중지로 손잡이 아랫부분을 받쳐 주면 훨씬 안정감 있게 잔을 들어 올릴 수 있다.

② 찻잔은 보통 오른손으로 들지만 가끔 손잡이를 왼쪽으로 해서 서빙하는 경우가 있다. 이때는 왼손으로 마시라는 뜻이 아니고, 설탕과 우

유를 넣은 다음 오른쪽으로 손잡이를 돌려서 마시면 된다.

③ 오른손으로 찻잔을 들면, 쿠키나 티 푸드는 반드시 왼손을 사용해야 한다. 오른손으로 음식을 집게 되면 기름기가 손에 묻어서 찻잔이 미끄러져 자칫 찻잔을 떨어트릴 수 있기 때문이다.

(8) 금기사항

① 티타임 중 하품이나 트림을 하지 않는다.

② 음식을 입에 넣고 이야기하지 않는다.

③ 차를 마실 때 후루룩 소리를 내거나 후후 부는 행동은 하지 않는다.

④ 테이블 위에 팔꿈치를 올려 두거나 턱을 괴는 행동은 삼간다.

⑤ 티타임 중 머리를 만지거나 거울을 보는 행동은 하지 않는다.

⑥ 티타임 중 자리에서 다리를 벌리거나 꼬는 행동은 하지 않는다.

⑦ 티타임 중 큰 소리로 떠들거나 소란스러운 행동은 삼간다.

⑧ 타인을 험담하거나 정치나 종교에 관한 이야기는 금기시한다.

⑨ 차를 흘릴까 봐 찻잔 밑을 손으로 받치고 마시지 않는다.

⑩ 찻잔을 잡고 새끼손가락을 펴서 위로 세우는 행동은 하지 않는다.

⑪ 티타임 중 이쑤시개 사용은 하지 않는다

⑫ 진한 향수 사용은 삼가한다.

⑬ 티타임이 끝났을 때 식기를 포개 놓거나 움직여서는 안 된다.

(9) 서빙 하는 방법

차를 우릴 모든 준비가 끝나면, 차를 우리는 호스트나 호스티스를 정하거나 지명한다. 지명을 받았을 경우 각 찻잔에 예온 물을 한 잔씩 서빙한다. 그다음 차가 우려지면 예온한 물을 버리고 차를 한 잔씩 서빙한다. 이때 차를 너무 많이 따르거나 급하게 따르면 도중에 넘칠 우려가 있으므로 찻잔의 70~80%만 채운다. 첫 잔을 다 마시기 전에 둘째 잔을 위해서 서빙 팟을 또 전달한다.

(10) 서빙 매너

가. 손님에게 차를 서빙할 때는 손님의 오른쪽에서 서빙한다.

나. 한 번에 1인 손님에게 서빙하고, 자리를 옮겨서 다른 분께 서빙한다.

다. 서빙을 할 때 손님의 얼굴이 완전히 가리는 것은 예의에 어긋난다.

1. 티푸드 먹는 방법

시간을 정해놓고 차를 마시는 영국은 하루 중에 가장 화려한 티타임이 애프터눈 티타임이다. 애프터눈 티라고 하면 떠오르는 3단 트레이는 풍성하게 차려지는데, 공식적이지는 않고 애써 지키지 않아도 되지만 일반적으로 먹는 순서는 제일 아래 3단 바텀(bottom), 2단 미들(middle), 1단 탑(top) 순서로 먹으면 된다. 보통 애프터눈 티 세트는 위쪽으로 올라갈수록 달콤한 디저트가 세팅되어 있기 때문이다.

1) 샌드위치 먹는 법

샌드위치의 유래는 영국 정치가 존 몬테규(John Montagu, 1718~1792)의 4대 샌드위치 백작에 의해 탄생했다. 카드놀이를 하던 존은 식사 시간을 아끼기 위해 호밀빵의 가운데를 자르고 야채와 베이컨을 넣어서 먹은 것이 그 시작이었다. 보통 애프터눈 티타임의 3단 트레이에는 다양한 종류의 샌드위치를 가장 아래 단에 올려놓는다. 그리고 티푸드를 먹을 때는 가장 아랫단의 샌드위치부터 먼저 먹기 시작한다. 그 이유는 차를 마시기 전 속에 부담을 줄이기 위함이다. 그리고 샌드위치를 먹을 때 종종 앞접시에 가지고 와 나이프로 잘라서 먹는 경우가 있다. 이것은 올바르게 먹는 방법이 아니다. 샌드위치는 작은 크기로 만들어 놓기 때문에 따로 나이프를 사용할 필요가 없다. 크기에 상관 없이 하나만 집어 와서 손으로 들고 모서리 부분부터 한 번에 먹지 말고 적어도 두 번에 나눠서 먹는 것이 매너이다.

2) 스콘(scone)을 먹는 법

오늘날 스콘이 없는 티타임은 상상할 수도 없을 만큼 애프터눈 티의 대표적인 푸드이다. 스콘은 막 구워 따뜻한 상태에서 홍차와 먹는 것이 가장 맛이 좋다. 잘 구운 스콘은 속이 촉촉하고 겉은 바삭하며 스콘 입이 터지게 굽는 것이 잘 된 스콘이다. 또 먹을 때는 나이프를 사용하지 않는 것이 에티켓이다. 스콘의 터진 부분의 입을 잡고 아래위를 손으로 뜯거나 갈라서 크림과 잼을 스콘에 듬뿍 얹어서 먹는 것이 영국식 방식이다. 스콘이라는 이름은 잉글랜드 왕의 의자 안에 들어있던 돌에서 유래된 명칭이다. 그 돌은 스코틀랜드 왕의 대관식에 사용된 것

스콘(scone)

스콘 먹는 방법

으로 '스코틀랜드의 돌'을 '스콘의 돌'이라 하여 그 돌과 비슷한 모양이라서 스콘(Scone)으로 이름을 붙인 것이다. 그래서 스콘을 칼로 자르는 것은 반역을 꾀한다는 의미가 숨어 있기 때문에 손으로 갈라서 먹게 된 것이다. 하지만 진짜 이유는 스콘을 칼로 자르게 되면 스콘이 부서져서 먹기 곤란하기 때문이다.

3) 빵(bread) 먹는 법

빵을 먹을 때는 나이프로 잘라서 먹지 않고, 손으로 한입 크기로 뜯어서 버터나 잼을 발라서 먹으면 된다. 빵을 칼로 썰지 않는 이유는 예전 유럽 카톨릭 교리에서 빵은 예수님의 몸이기 때문에 칼을 사용하지 않는다는 설이 있다.

4) 케이크(cake) 먹는 법

애프터눈 티타임에서 케이크의 달콤한 맛은 홍차의 떫은맛을 중화시켜 주기도 하고 기분도 좋아지게 하는 가장 사랑받는 티푸드이다. 3단 트레이와는 별도의 플레이트에 세팅되어 있다면 케이크 조각을 가져와 뾰족한 부분이 앞쪽으로 오게 해서 놓고, 먹을 때도 뾰족한 앞쪽부터 포크로 떠서 먹으면 된다.

5) 파이 먹는 법

파이 종류를 먹을 때는 손으로 먹기보다는 나이프로 한입 크기로 잘라서 포크를 이용해서 한입에 먹으면 된다.

6) 카나페 먹는 법

카나페는 빵을 자르거나 담백한 크래커 위에 치즈나 햄, 과일 등 여러 가지 재료들을 올려서 한 입에 먹을 수 있는 핑거푸드이다. 색이 곱고 화려해서 테이블을 빛내기 좋은 음식이다. 크기에 따라서 큰 것과 작게 만든 것이 있는데, 작은 것은 한 번에 먹을 수 있고, 큰 것은 한두 번에 나눠서 먹으면 된다.

7) 샐러드 먹는 법

테이블 위 샐러드 볼에 샐러드가 세팅되어 있으면 샐러드 텅(tongs)을 이용하여 중간중간 샐러드 접시에 가지고 와서 포크로 먹으면 된다.

8) 타르트와 마들렌 머핀 비스킷, 쿠키

가장 흔하게 즐기는 티 푸드들이다. 타르트와 마들렌, 머핀 등은 한 개를 디저트 접시에 가지고 온 후 크기에 따라 나이프와 포크를

이용해서 나눠서 먹으면 된다. 쿠키는 손으로 갈라서 먹는데, 풍미가 깊어 밀크티와 잘 어울린다. 비스킷은 빵을 오래 보관하기 위해 얇게 잘라 오븐에 한 번 더 구운 것을 말하는데 손으로 먹으면 된다.

9) 초콜릿, 치즈, 캐러멜 등은 부담 없이 간단하게 즐길 수 있는 디저트로써, 입안을 달콤하고 향기롭게 해 주어 차의 맛을 한층 더 풍성하게 한다. 이 디저트들은 하나씩 디저트 접시에 가지고 와서 종이나 비닐이 있으면 벗기고 손으로 먹으면 된다.

마무리

일반적으로 티타임이 진행되는 동안 여러 잔의 티를 마신다. 티타임 중 특별히 격식을 차리는 자리가 아니라면 엄격하게 정해진 규율은 없다. 하지만 초대해준 사람에 대한 감사의 마음을 표할 줄 알고, 주인은 초대받은 사람들이 편히 즐길 수 있도록 배려하는 마음이 있으면 된다. 또 손님이 떠날 때는 감사의 인사나 감사의 메모를 남기는 것도 중요한 에티켓이다.

애프터눈티의 티룸(Tea Room)과 라운지(Lounge)

　　홍차 문화의 꽃이라고 할 수 있는 애프터눈티는 18세기 후반 영국 귀족층에서 시작된 차 문화로, 지금은 영국에서만 즐기는 티 문화가 아니다. 인터넷 검색창만 두드리면 세계 대부분 나라의 고급호텔과 카페 등 애프터눈티를 즐길 수 있는 품격 있는 티 공간을 찾아볼 수 있다. 국내에서도 티룸이나 티라운지를 전국의 여러 호텔이나 카페에서 찾아볼 수 있는데, 이것은 우리나라 홍차 문화와 디저트 문화의 발전된 모습이다. 홍차, 세이보리(짭짤한 맛), 스콘, 디저트 등 전체 구성과 전망, 가격, 위치, 서비스, 시간과 세련된 인테리어까지 자세하게 비교해 본 후에 전화나 인터넷으로 예약을 하고, 그에 맞는 의상과 매너를 갖춘다면 누구라도 제대로 된 영국식 애프터눈티를 즐기고 경험해 볼 수 있다. 그리고 일반 가정에서도 5성급 호텔이나 카페 부럽지 않게 정성이 가득한 애프터눈티를 직접 세팅해서 가족들과 함께 즐겁고 행복한 시간을 가질 수도 있

다. 본책에서 기본 테이블 세팅, 매너와 에티켓 그리고 티웨어와 도자기, 홍차의 브랜드와 등급, 홍차 우릴 때의 찻물, 홍차의 산지와 역사적인 부분까지 모두 알고 나면 더욱 더 만족스러운 티타임이 될 것이다. 호텔이나 카페, 티라운지나 티룸의 애프터눈티 세트를 즐기기 위해서는 꼭 지켜야 할 것들이 있다.

첫째, 위치 확인을 하고, 최소 3일 전 예약은 필수이다. 네이버로 예약할 경우 할인받을 수 있다는 장점이 있다. 예약을 받지 않는 호텔도 있지만, 보통 예약을 하지 않고 방문한다면 애프터눈티 세트를 즐길 수 없다. 둘째, 시즌별 메뉴의 종류와 구성을 미리 체크하고 간다. 셋째, 어떤 브랜드 종류의 티가 나오는지도 중요한 포인트이다. 마지막으로 애프터눈

티의 티룸에 가기 전 간단한 식사를 하고 가는 것이 중요하다. 이 네 가지는 꼭 체크하고 가는 것이 좋다. 필자는 코로나19로 인해 해외로 나갈 수 없는 요즘 국내 애프터눈티 라운지나 티룸 여러 곳을 이용하고 있다. 필자가 경험해 본 곳을 바탕으로 독자들에게도 국내에서 한 번쯤 꼭 가볼 만한 티라운지나 티룸 등을 소개하고자 한다.

1. 부산 파크 하얏트 애프터눈티 라운지

부산 해운대에 위치한 파크 하얏트 호텔의 애프터눈티라운지는 호텔의 30층에 있다. 이곳은 반짝이는 윤설의 바다와 광안 대교를 내려다 보면서 애프터눈티를 즐길 수 있는 아주 멋진 곳이다. 2022년 5월 기준으로 이용 시간은 평일 기준 오후 2시~5시 30분까지인데, 각 개인이 이용할 수 있는 시간은 2시간이다. 요금은 애프터눈티 2인 세트 기준이 9만 원이며, 티는 1인당 한 가지의 티나 커피를 선택할 수 있다. 필자는 에버티사의 얼그레이 티를 시켰는데, 서비스된 홍차는 티팟에 찻잎을 넣은 상태로 스트레이너와 함께 나왔다. 개인의 취향에 따라 시간을 조절해서 우려 마실 수 있었다. 이곳 애프터눈티의 전체적인 구성을 살펴보면 3단 플레이트의 맨 아래 세이보리가 있고, 단독 플레이트에는 스콘과 잼, 버터, 클로티드 크림이 제공되었다. 스콘은 크린베리 스콘과 플레인 스콘이 나왔는데, 스콘이 따뜻하고 잘 부풀어서 맛이 아주 좋았다. 이곳의 세이보리와 디저트는 완성도가 훌륭해서 입에 넣기가 아까울 정도였다. 탁 트인 바다와 광안대교 위로 길게 늘어선 차량의 흐름을 보면서 여유롭게 오후를 즐길 수 있는 곳으로 사교모임이나 데이트 장소로도 최적이다. 이렇게 차와 디저트를 즐기다 보니 금세 예약된 2시간이 흘러가 버렸다. 이곳의 티라운지는 둥글고 협소한 공간의 작은 테이블이 좀 아쉬웠지만, 부산이라는 도시의 매력을 한눈에 즐길 수 있는 뷰가 멋진 곳이라고 할 수 있다.

2. 그랜드 조선 부산 애프터눈 티 라운지

그랜드 조선 부산 애프터눈티 라운지는 인터넷으로 5일 전에 미리 예약해야만 바다가 보이는 창가로 예약할 수 있다. 호텔 1층 라운지에 위치하고 있으며 이용 시간은 낮 12~17시이다. 이용 요금은 2022년 7월에 2인 기준으로 8만 원이었고, 티는 1인 기준으로 커피나 티를 한가지

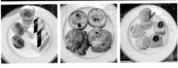

주문이 가능하다. 필자는 다즐링 서머 골드를 시켰는데, 이 티는 다즐링 2nd Flush였다. 이곳의 특징은 티를 시키기 전에 미리 8가지의 차엽의 향기를 맡아보고 결정할 수 있다는 것이다. 이 호텔의 애프터눈티 세트는 많은 사람들에게 알려져 있는데, 3단 스탠드의 디저트 세트가 아름답기로 소문난 곳이다. 특히 시즌별로 디저트 세트 구성이 바뀌는 특징이 있는데, 어느 계절에 가더라도 3단 스탠드의 아름다움을 즐길 수 있는 곳이다. 아름다운 꽃으로 장식한 3단 스탠드는 호텔에서 제작한 제품이라고 한다. 그랜드 조선 호텔 애프터눈티 세트를 이용 시 참고해야 할 사항은 웨스틴 조선호텔과 아주 근접한 위치에 있고, 비슷한 이름을 가지고 있기 때문에 사전확인이 꼭 필요하다.

3. 서울 JW 메리어트 호텔 애프터눈티 라운지

JW 메리어트호텔 서울 더 라운지는 애프터눈티 세트의 예약을 받지 않는 곳이다. 평일에 가더라도 약 1시간 정도는 기다려야만 즐길 수 있는 이곳은, 서울 신반포로 고속버스 터미널 위층의 메리어트 호텔 8층 라운지에 위치하고 있다. 이곳은 전체적으로 고급스러운 커튼으로 장식된 인테리어가 멋진 곳이었다. 이용 요금은 2인 기준 한 세트당 10만 원이며, 4인이 두 세트를 주문하고 1인은 티만 시킬 수 있다. 필자도 5인이 동석을 했는데, 1인은 티만 한 잔 시켜서 함께 즐길 수 있었다. 5인이 동석했을 때의 장점은 모두가 다른 한 가지씩의 티를 주문해서 다섯 가지의 차를 모두 맛볼 수 있다는 것이다. 이곳은 둥근 테이블과 소파가 있는데, 좌석 간의 간격이 넓어서 여유로웠다. 또 티

리스트가 다양해서 선택의 폭이 넓었고, 우려서 티를 내오거나 찻잎이 들어 있는 채로 내오기도 했다. 우리가 앉은 테이블은 두 세트를 주문해서인지 꽉 찬 디저트들이 다채롭게 각자의 매력을 뽐내고 있었다. 스콘은 겉은 바삭하고 속은 촉촉해서 정말 맛이 좋았고, 이와 함께 클로티드 크림과 딸기잼 두 가지가 제공되었다. 도자기는 이탈리아의 명품 브랜드 리차드 지노리(Richard Ginori)의 오리엔테 이탈리아노 페르방카 라인으로 파란색의 티팟과 찻잔이 서빙되어 고급스러움이 물씬 풍기는 애프터눈 티 타임이었다.

4. 대구 메리어트 호텔 애프터눈티 라운지

대구 메리어트 호텔은 동대구역 복합 환승 센터에서 걸어서 5분 거리에 위치하고 있으며, 네이버로 예약을 해야 이용 가능한 곳이다. 호텔 4층 로비라운지에서 즐길 수 있는 이곳은 도심 속의 공간으로 전망은 좋다고 할 수 없지만 인테리어는 도시적이며, 조명이 아름답고 깔끔하며 화사해서 괜찮았다. 애프터눈티 세트는 오후 1시부터 5시까지 즐길 수 있고, 요금은 2인 기준 71,000원인데, 젊은 사람부터

나이 많은 사람까지 애프터눈티 세트를 많이 즐기고 있었다. 소소하지만 행복한 시간을 가질 수 있는 곳이 애프터눈티룸이 아닌가 싶다. 주문이 끝나자 모히또라는 시원한 청량감에 산뜻한 맛을 내는 웰컴 드링크가 서비스되었다. 이 드링크는 쿠바 칵테일의 한 종류인데 애플민트와 라임으로 데코를 한 것이다. 대구 메리어트 애프터눈티의 전반적인 구성을 살펴보면, 티 리스트는 많지 않았다. 필자는 머스캣 향이 나는 퓨어 다즐링 티를 주문했는데, 티팟에 인퓨저가 담긴 채로 서비스되었다. 디저트는 3단 트레이로 구성되어 있고, 제일 아래 단의 세이보리는 망고 산초바우라는 메뉴가 제공되었는데, 딱딱한 바게트 위에 양상추, 파프리카, 치즈, 망고, 새우를 섞은 패션후르츠가 작은 사각 형태로 올려져 있었다. 2단의 디저트는 망고로 조화를 이룬 망고 레몬 타르트, 망고 조각 케이크, 망고 라즈베리 무스, 망고 레밍턴 등으로 이루어져 있었으며, 맨 위의 3단은 스콘과 마카롱, 판나코타로 마무리했다. 그리고 여름철이라서 시즌별 디저트로 미니 망고 빙수까지 풀세트로 이루어진 세트였다.

5. 울산 백비 티라운지

백비 티라운지는 경남 양산시 하북면에 위치한 티 전문 카페로, 2009년 「백비차문화원」으로 홍황금 원장님이 처음으로 문을 연 차 전문 기관이다. 현재는 홍황금 원장님의 딸인 이나리 대표가 운영하고 있으며 홍

차, 청차, 백차, 보이차, 말차, 꽃차, 커피까지 다 갖추고 있다. 이용 요금은 1인 기준 3만 원이며 예약은 필수이다. 이곳은 홍차를 좋아하는 사람이라면 한 번쯤은 가 본 애프터눈티로 소문난 곳이다. 필자도 대학원 기수들과 방문한 경험이 있었다. 애프터눈티의 전체적인 구성은 심플하면서도 군더더기 없는 깔끔함 그 자체였다. 사장님의 세련된 감각이 느껴지는 티테이블이었다. 이날의 도자기는 세련되고 앙증맞은 Forget me not '나를 잊지 마세요' 물망초 꽃말을 모티브로 만든 로모노소프의 '포겟미낫' 제품을 사용하였다. 테이블의 전체적인 티푸드 구성으로는, 3단 스탠드의 1단에는 샌드위치를 올렸고, 2단에는 맛있는 스콘으로 장식했으며, 그리고 3단에는 달콤한 마카롱과 초콜릿 빵이 세팅되었다. 그리고 샐러드와 밥으로 만든 케이크 위에 계란 노른자와 흰자로 예쁘게 장식했는데, 애프터눈티만으로도 한 끼의 식사가 되었으면 하는 원장님의 깊은 마음이 담긴 것 같았다. 참으로 기분 좋은 애프터눈티의 경험이었다.

6. 영천 꾼딴떼르 티룸

경북 영천시 청통면 조용한 전원주택에 있는 꾼딴떼르(Cuntarcer)는 홍차 클래스와 앤틱, 애프터눈티의 티룸이다. 꾼딴떼르 티룸은 많은 도자기를 소장하고 있는 곳이다. 50평 규모의 넓은 샵에 유럽풍의 도자기와 티웨어들이 헤아릴 수 없을 만큼 꽉 들어차 있고, 홍차에 있어서 모든 티웨어를 갖추어 놓은 곳이 바로 꾼딴떼르이다. 이곳은 볼거리가 많아서 차와 도자기를 좋

아하는 사람들이 많이 다녀간 유명한 곳이다. 이곳 애프터눈티의 이용 요금은 1인 4만 원이고, 예약해야만 이용 가능하다. 이 샵의 특징은 시즌별 푸짐한 한국식 퓨전 애프터눈티로 운영된다는 점이다. 물론 3단 플레이트는 기본적으로 서비스된다. 꾼딴떼르 한기숙 원장님은 영국식 애프터눈티는 식사가 아니고, 한국의 새참 문화와 같은 것이라고 한다. 그러면서 도자기와 티웨어를 보기 위해서 멀리서 찾아오는 손님들에게 점심과 차를 한꺼번에 해결할 수 있도록 직접 농사지은 야채로 만든 두툼한 샌드위치를 서비스하고 있다. 이 집의 샌드위치는 먹음직스럽고 풍성해

서 하나만 먹어도 한 끼의 식사가 될 만큼 재료를 아끼지 않는다. 꾼딴떼르 티룸만의 아주 특별한 '차식'도 유명하다.

7. TWG 티 안다즈 서울 강남

　서울 강남구 안다즈 호텔 1층에 있는 TWG 티 안다즈 서울 강남은 압구정역 근처에 위치하고 있으며 사전 예약이 되지 않는 곳이다. 이곳은 차와 다구들을 판매하기도 하고 티와 함께 애프터눈티 세트도 즐길 수 있는 곳이다. 샵 내부 전 공간에는 TWG의 상징과도 같은 홍차 케이스로 가득 채워져 있으며, TWG의 티 제품들이 이곳에 모두 모여 있다고 한다. 애프터눈 디저트 세트 가격은 38,000원이고, 티는 각자 따로 시켜야 한다. 필자는 TWG의 '로얄 다즐링(FTGFOP1)'과 그랜드 웨딩(Grand Wedding) 티를 주문했다. 본인의 기호에 맞는 티를 주문하면 TWG 금빛의 우아한 티팟에 우려진 차가 나오는데, 첫째 잔은 직원이 직접 찻잔에 차를 따라주는 서비스를 제공한다. 디저트 세트는 3단 플레이트에 메뉴가 올려져 나오는데, 서울 강남에서만 만날 수 있는 디저트로 제일 아랫단에 시그니처 메뉴와 2단에는 뿌띠 푸르의 마들렌, 추잉 아망디에 등, 제일 위쪽 상단에는 옐로우 로즈 케이크가 너무나 아름답게 세팅되어 있다. 남녀노소 누구나 TWG만의 차와 디저트로 여유를 즐길 수 있는 곳이다.

3부

홍차의 도자기

홍차의 도자기

1. 독일의 마이센(Meissen)

세계 3대 도자기는 독일의 마이센, 덴마크의 로얄코펜하겐, 헝가리의 헤렌드이다. 이 중 독일의 마이센은 유럽 최초의 도자기이며, 전 세계 30여 개국에 지점이 있는 회사이다. 마이센 도자기는 작센의 선제후국의 군주 강건왕 아우구스트

마이센 엑스폼

(Augustus) 2세(1670~1733)가 요한 프리드리히 뵈트거(1682~1719)에게 직접 도자기를 만들 것을 요구하고 발명가와 물리학자에게도 지원을 아끼지 않았다. 그는 자신의 권위와 위세를 높이기 위해 예술품 수집과 도자기 유물 수집에도 특별한 애정을 가지고 있었다. 17세기 유럽에서는 도

자기 만드는 기술이 없었으므로 중국 열풍인 쉬누와즈리붐에 열광하였다. 그 당시 중국 도자기는 매우 귀해서, 도자기를 얼마나 소유하느냐가 부의 척도가 되었다. 1708년 프리드리히 뵈트거에 의해 최초로 백색 도자기가 만들어졌고, 1710년 아우구스트 대제는 마침내 유럽 최초의 도자기 공장을 설립하였다. 마이센은 도자기 제조비법에 대한 기밀을 유지하기 위해 많은 노력을 하였지만, 전 유럽으로 모방이 되자, 왕으로부터 작센 공국의 상징인 교차 쌍검의 문양을 하사받아 1772년 하양 바탕에 푸른색의 쌍칼 문양의 마이센의 트레이드마크를 만들게 되었다. 마이센 도자기는 300여 년간 명맥을 유지해온 독일의 명물이다. 마이센 마을은 독일의 동부 작센주 드레스덴에서 약 30km 떨어진 소도시로써, 지금은 유럽 최고의 도자기 생산지로 손꼽히고 있다. 마이센은 18세기 명나라의 청화백자에서 영감을 얻어 각종 열매와 과일, 나비와 잠자리, 꽃의 줄기 등을 모티브로 한 중국의 청화백자 스타일을 탄생시켰는데, 그것이 바로 마이센의 쯔비벨 무스터와 블루어니언이다.

2. 헝가리의 헤렌드(Herend)

헤렌드는 1826년 슈틴글 빈체(stingl vince)가 헝가리 베스프렘(Veszprem)시 근처의 헤렌드라는 소도시에서 창립한 헝가리의 대표적인

헤렌드 퀸 빅토리아

명품 도자기 브랜드이다. 헤렌드는 단기간에 명성을 떨쳤고, 1851년에 개최된 런던 만국박람회에 꽃과 나비 등을 표현한 도자기를 출품하여 대상에 올랐으며, 빅토리아 여왕에게 찬사를 받았다. 빅토리아 여왕과 독일계 유대인 로스차일드(Rothschild) 가문, 그리고 유럽 전역의 왕가와 귀족들에게 납품되면서 헤렌드는 많은 사랑을 받았다. 2000년대에 들어와 많은 도자기 브랜드들이 생산 공장을 태국이나 인도네시아 등으로 이전했지만, 헤렌드만은 여전히 헝가리 헤렌드 마을에서 직접 핸드페인팅으로 생산하고 있다. 헤렌드 스페셜 빅토리아 브랜드는 나비, 새, 벌, 모란 등 곤충과 식물을 주제로 한 도자기로, 노란 바탕에 모란꽃과 나비가 날아다니는 듯한 모습이 정말 사랑스럽다. 화려하지 않으면서 고급스럽고, 찻잔 테두리에 특유의 잔잔한 격자무늬는 우아하며 아름답다. 그리고 헤렌드만의 티팟 뚜껑의 꼭지는 각각 다른, 새 리드와 나비 리드, 장미 리드, 딸기 리드, 왕관 리드 등 이렇게 다섯 가지 종류로 이루어져 있다.

3. 덴마크의 로얄코펜하겐(Royal Copenhagen)

세계 3대 도자기 중 하나인 로얄코펜하겐은 246년의 전통을 가진 덴마크의 왕실 도자기이다. 1775년 덴마크 포셀린 공장에서 문을 연 로얄코펜하겐은 줄리안 마리 황태후의 후원으로 왕실에만 도자기를 공급하다가 1868년에 민영화가 되었다. 순백의 자기 위에 짙은 코발트블루 색이 특징인 로얄코펜하겐은, 그릇 뒷면을 보면 그릇에 대한 정보를 알 수 있다. 제일 위에 트레이드마크인 왕관이 있

로얄코펜하겐 풀레이스

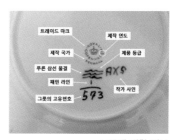

그릇에 대한 정보

고 그 밑에 세 개의 물결무늬 로고가 있다. 이것은 덴마크를 둘러싼 3개 (리들벨트, 그레이트벨트, 사운드벨트)의 해협을 의미한다. 트레이드마크인 왕관은 그 시기에 따라 조금씩 형태가 달라졌다. 로얄코펜하겐 그릇의 디자인은 크게는 세 가지 라인으로 분류할 수 있다. 1775년에 탄생한 가

장자리 무늬가 심플한 '블루 플레인(Blue Plain)'과, 섬세한 레이스 장식의 '하프 레이스(Half Lace)', 복잡하게 레이스가 그려진 '풀레이스(Full lace)' 라인이 그것이다. 이 레이스 패턴은 물고기 비늘에서 영감을 받아서 그려진 디자인이다. 그리고 중국 청화백자의 영향을 받아 디자인된 블루플루티드는 하얀 바탕에 요철같이 길게 파인 홈 모양이 세로로 쭉쭉 나 있다. 로얄코펜하겐은 국내를 포함한 전 세계 30여 개국에서 만나 볼 수 있으며, 2004년부터는 대부분의 생산설비를 태국으로 이전한 후 현재 많은 제품이 태국에서 생산되고 있다. 로얄코펜하겐의 그릇을 구매할 때는 반드시 덴마크산인지 태국산인지 먼저 백마크 숫자를 확인하고 제작연도도 살펴야 한다. 그리고 백마크에 스크래치가 있는지 없는지도 살펴야 한다. 스크래치가 없으면 퍼스트 제품이고, 스크래치가 한 개 있으면 세컨드 제품이고, 두 줄이면 써드 그레이드 제품이다. 보통 세컨드 제품이 되는 이유는 수작업으로 만들어지는 과정에서 발생하는 유약 뭉침이나 파란색 점과 핀홀, 그리고 물감이 떨어져서 생긴 실수 등이다.

4. 웨지우드(Wedgwood)

영국 왕실의 도자기라고 불리는 웨지우드는 1759년 영국 도공의 아버지라 불리는 조샤이어 웨지우드에 의해 설립되었다. 창립자인 조샤이

어 웨지우드 1세는 영국 버슬렘에서 독립된 도공으로 시작했다. 웨지우드의 스토리와 독특한 역사는 영국 샬럿 여왕과의 인연으로부터 시작되었다. 1765년 샬럿 여왕의 후원을 받고 여왕을 위해 퀸스 웨어(Queen's Ware) 크림색의 도자기를 완성했다. 여왕이 매우 흡족해하여, 그때부터 크림색의 도자기를 여왕의 도자기라고 부르며 퀸즈 웨어가 된 것이다. 그 후 웨지우드는 여러 국가 왕실의 식탁을 장식했고, 또한 유명 호텔들의 브랜드로 선택되어 260여 년간 명품 도자기로 자리매김한 럭셔리 티 테이블 웨어이다. 그리고 1995년 엘리자베스 2세 여왕으로부터 왕실납품허가증인 로얄워런트(Royal Warrant)를 수여 받았다. 사진의 웨지우드 '옐로우리본'은 '퀸오브하트'의 후속이며 현대적인 세련된 디자인으로, 노란색의 핸드페인팅과 22K 금장이 조화로운 도자기이다. 테두리의 고급스러운 금장과 노란색의 줄무늬와 흰색의 조화로움이 티파티에 초대된 품위 있고 사랑스러운 숙녀의 드레스를 연상시키기도 한다.

5. 로모노소프(Lomonosov)

러시아의 명품 황실 도자기 로모노소프는 러시아 황실에서 사용했던 도자기로 여왕의 품격이라고도 한다. 러시아를 황금 제국으로 이끌었던 엘리자베타 여제는, 1744년 러시아 왕족과 귀족

로모노 소프 코발트 넷

들만 사용할 수 있는 도자기를 만들기를 원했다. 그래서 위대한 천재 과학자 드미트리 비노그라도프 로마노소프(Dmitry Vinogradov)를 고용하였다. 엘리자베타 여제는 요장에 로모노소프를 연금시켜서 작업에 몰두하게 했고, 결국 로모노소프의 집념으로 최고의 도자기를 만드는 데 성공하였다. 성공한 로모노소프의 제작 기술은 철저하게 비밀에 부쳐졌고, 러시아 정부의 보호 관리하에 러시아에서만 생산이 가능하도록 하였다. 로모노소프는 1744년을 시작으로 150여 년간 황실 가족과 귀족들에게

소량으로 공급되었는데, 22K 금장 장식은 로마노프 궁전을 화려하게 장식하였다. 로모노소프의 가장 큰 매력은 가벼우면서도 얇고 견고하며 투명함이 돋보여, 러시아 황실의 찻잔답게 화려함과 웅장함이 잘 표현되어 있다. 로모노소프의 제조과정은 초벌구이 시 900℃에서 24시간 구워지며, 유약 처리 공정 후에 1,380℃의 고온에서 2일 동안 구워지게 된다. 그리고 40가지의 재료와 80번의 복잡한 공정을 거쳐서 아주 정교한 핸드 프린팅 작업으로 만들어지고 있다. 저명한 아티스트들에 의해 고도의 집중력으로 하나하나 그려지며, 단 하나도 똑같은 제품이 없이 탄생되는 것이 로모노소프의 특징이다.

로모노소프의 코발트넷 블루 패턴은 제조사의 트레이드마크이다. 이 제품은 18세기 중반 드미트리 비노그라도프가 여왕 엘리자베타를 위해 만들었던 첫 러시아 도자기를 참고한 패턴이다. 파란 선들의 교차점에서 22k 골드가 반짝반짝 빛나는 별 무늬 패턴이 아름답기 그지없다.

6. 앤슬리(Aynsley)

앤슬리는 영국 왕실이 선호하는 도자기 회사 중 하나이다. 240여 년의 역사를 가진 앤슬리는 애나멜러(enameller)였던 창립자 존 앤슬리(John Aynsley)에 의해 스테포드셔 롱턴(Longton)에서 1775년 설립되었다. 중국

과 일본 도자기의 매력에 빠진 존 앤
슬리는 1784년부터 '최고 제품을 최고
의 영국인들에게'라는 슬로건으로 귀
족들을 만족시킬만한 명품을 생산하
기 시작했다. 앤슬리 도자기는 영국
의 여왕들에게도 선택되어 공식적으

엔슬리 오차드

로 황실에 공급할 정도로 유명해졌다. 현재 한국에서도 앤슬리 오차드 패
턴과 펨브르크 패턴, 그리고 코티지 가든 패턴이 오랫동안 사랑받아온 브
랜드들이다. 앤슬리의 오차드(과일) 골드는 찻잔에 풍성한 과일이 담긴 그
림을 작가가 핸드페인팅한 명품이다. 영국 왕실과 귀족들은 먹음직스러
운 과일을 담은 찻잔에 홍차를 마시면서 앤슬리를 더욱 좋아하게 되었다.
1997년 앤슬리사는 아일랜드의 벨릭 포터리(Belleek Pottery) 그룹에 인수되
었지만, 앤슬리 브랜드 제품들은 지속적으로 영국 내에서 생산되고 있었
다. 하지만 아쉽게도 영국 공장도 2014년에 생산을 중단하고 문을 닫았다.

7. 로얄알버트(Royal Albert)

로얄알버트는 1894년 도자기 제조업체들이 몰려있던 영국의 중부지
방 스테포드셔 카운티에 있는 도자기의 메카 스톡 온 트렌트(Stoke on

Trent)의 롱턴(Longton)이라는 마을에서 토마스 클락 와일드(Thomas Clark Wild)에 의해 설립되었다. 설립 초기의 회사명은 T. C. Wild & Sons였다. 이 회사는 두 아들을 포함한 가족들이 도자기 사업에 참여해서 운영되었다.

황실장미

1896년 빅토리아 여왕의 손자인 알버트 왕자의 탄생을 기념하면서 알버트 크라운 차이나를 출시하였다. 이 제품들에 알버트라는 이름을 처음으로 사용하게 된 것이다. 1936년 알버트 왕자가 킹조지 6세로 왕위에 오르면서 그의 이름을 따서 알버트 크라운 차이나 시리즈로 로얄알버트라는 이름이 생겨났다. 로얄알버트는 1897년에 빅토리아 여왕 즉위 60년을 기념하는 왕실의 도자기를 만들기도 하였고, 그 후 1904년 영국 왕실로부터 로얄이라는 호칭을 수여 받아서 로얄알버트 크라운 차이나가 되었다. 그 후 1910년 뉴질랜드에 최초로 지사를 두고 수출을 하기 시작하였고, 1970년에 회사 이름을 로얄알버트로 변경하였다. 1972년에 로얄알버트는 '로얄덜튼(Royal Doulton)'에 인수 합병되었다. 로얄알버트의 대표작은 1962년에 만든 '황실장미'를 들 수 있는데 핸드페인팅으로 금장 테두리 라인이 황실장미와 잘 어울려서 더욱 아름답게 보인다. 황실장미 도자기는 오늘날까지 1억 5천만 개 이상이 팔릴 정도로 전 세계적으로 유명하고, 국민의 그릇으로 사랑받는 도자기이다.

8. 티웨어의 모든 것

차를 우릴 때 쓰는 그릇들을 총칭해서 다구라고 하는데, 홍차를 우릴 때 쓰는 모든 그릇들은 티웨어(tea ware)라고 한다. 영국에서는 홍차를 생활의 일부이자 문화로 받아들여서 이러한 티웨어들을 수 없이 많이 개발하고, 티웨어 자체만으로도 하나의 독립적인 예술품으로 인정하고 있다. 티 테이블 세팅에 필요한 티웨어의 종류는 다양하다. 하나씩 살펴보면 다음과 같다.

1) 티웨어 종류

전기 포트(Electricity pot)

전기 포트는 물을 끓이는 데 사용하며, 먼저 끓인 물은 티팟과 찻잔을 예열하고 두 번째 끓인 물을 찻물로 사용하면 된다.

(1) 티팟(Tea pot)

티팟은 차를 우리는 티팟과 서빙용 티팟, 2개가 필요하다. 티팟은 보온성이 뛰어난 자기 재질이 좋으나, 보온성은 좀 떨어지지만 차가 우러나는 모습을 직접 눈으로 볼 수 있는 것은 유리 제품을 사용한다. 보온성이 낮은 티팟일 경우에는 보온을 위해 티코지를 사용하면 된다. 티팟은 17세기 초까지는 주로 비싼 은 제품을 많이 사용했으나, 18세기에 들어서면서부터는 일반 가정에서도 사용할 수 있는 자기 티팟이 주로 사용되기 시작했다. 이때부터는 1리터 정도 용량의 둥근 모양의 티팟이 주류를 이루었다. 영국의 티 뮤지엄에는 800잔 분량의 세계에서 가장 큰 티팟도 전시되었었다. 티팟은 주로 둥근 형태를 선호하는데, 그 외에도 사각형, 육각형, 좁고 긴 형태 등 다양한 모양의 제품도 출시되고 있다. 차를 우릴 때 티팟 내부에서 점핑이 제대로 일어나야 하기 때문에, 둥근 모양의 티팟이 대류현상으로 인해 차의 맛이 더욱 좋게 우려진다. 내부 공간이 부족한 티팟은 점핑이 제대로 일어나지 않아 차의 성분과 맛, 향기, 수색과 풍미가 제대로 우러나지 못한다. 그렇기 때문에 세계적인 도자기 명품 브랜드의 티팟들도 둥근 원형이 주를 이룬다. 티팟 뚜껑의 작은 구멍은 내부에 공기를 잘 통하게 하여 찻물이 원활하게 흘러나올 수 있도록 도와주는 역할을 한다.

(2) 찻잔(Tea cup)

찻잔은 보온성이 있는 도자기 제품이 좋다. 보통 찻잔의 안쪽에는 별다른 무늬나 색을 넣지 않는데 이는 홍차의 맑은 수색을 보기 위해서이다. 찻잔의 용량은 대부분 200ml 내외가 좋으며, 무게는 가벼운 것이 좋다. 일반적으로 찻잔은 그 자체만으로도 아름다움을 느낄 수 있지만, 외부에 화려한 꽃무늬가 장식되어 있거나 금박이나 심플한 디자인의 제품도 많이 이용되고 있다. 일반적으로 커피잔과 홍차잔의 차이를 구분해

보면, 커피잔은 높이가 높고 가장자리의 폭이 좁다. 그에 반해 홍차잔은 가장자리가 넓고 높이가 낮아서 홍차의 아름답고 풍부한 향기와 맛을 느끼기에 알맞다. 그리고 홍차는 높은 온도에서 차를 우리기 때문에 가장자리가 넓은 찻잔은 천천히 차를 식히면서 마실 수 있고, 또 마실 때 찻잔을 기울이는 각도가 적기 때문에 찻물이 넓게 천천히 혀 위로 감돌면서 온전히 차의 맛을 음미할 수 있다. 반대로 찻잔의 높이가 높고 가장자리가 좁은 커피잔은 커피의 따뜻한 온도를 더 오래 유지할 수 있다. 커피가 식으면 맛이 강해지고 커피의 향도 빠르게 사라지기 때문이다. 이러한 이유 때문에 커피잔과 홍차잔은 구분해서 쓴다. 요즘 영국의 가정에서는 일반적인 티타임 때는 간편한 머그잔을 많이 사용하며, 최근에는 크리스탈이나 유리 제품도 많이 이용하고 있다.

(3) 티 캐디(Tea caddy)

티 캐디는 차를 보관하고 담는 통으로, 금, 은, 주석, 스테인리스, 나무 등 다양한 재질의 제품이 있다. 대중적으로는 스테인리스 재질의 티 캐디가 가장 많이 이용되고 있다. 우아하고 아름다운 티 캐디는 실용적인 목적 외에 장식용으로도 많이 이용된다. 특히 기념일에 맞추어 한정 수량으로 제작된 것은 그 자체만으로도 소장 가치가 있다. 18세기 후반부터 오늘날까지 다양한 소재의 티 캐디가 제작되었고, 특히 영국에서는 런던 풍경을 시리즈로 제작한 제품이 많은 인기를 끌고 있다.

(4) 티 메저 스푼(Tea measure spoon)

티팟에 넣을 찻잎의 분량을 정확하게 계량하기 위해서 사용하는 티 메저 스푼은 캐디 스푼이라고도 한다. 일반적으로 메저 스푼은 3g용이 가장 많다. 재질은 은이나

티 매저 스푼

스테인리스, 도자기, 대나무 등 여러 가지 제품이 있으며, 모양은 조개나 나뭇잎 등 다양한 형태들이 있다. 차를 우릴 때는 정확한 계량을 위해 매번 같은 크기의 티 메저 스푼을 사용하는 것이 좋다.

(5) 티 스트레이너(Tea strainer)

티 스트레이너는 우려진 차를 찻잔에 따를 때 찻잎을 걸러주는 거름망으로, 촘촘하고 구멍이 작은 제품을 이용하는 것이 차를 깔끔하게 거를 수 있다. 하지만 스트레이너 구멍이 지나치게 치밀하면 찻물이 잘 빠져나오지 않는다. 스트레이너는 순은, 스테인리스, 금도금, 은도금, 도자기 등 여러 재질의 제품이 있으며 형태도 다양하다. 특히 도자기로 된 스트레이너는 대부분 구멍이 크기 때문에 패닝이나 더스트 같은 경우에는 깨끗하게 걸러지지 않는 단점이 있다.

(6) 티코지(Tea cozy)

티코지는 찻물의 온도가 식지 않도록 티팟에 씌우는 덮개로, 19세기

중반에 생겨났다. 차를 우리는 점핑 팟이나
우린 찻물을 담는 서빙 팟에 씌워서 마지막
한 잔까지도 따뜻한 온도를 유지할 수 있도
록 한다.

(7) 슬럽볼(Slub ball)

슬럽볼은 녹차 다구의 퇴수기와 같은 역
할을 하는 그릇으로, 찻잔에 남은 차나 물을
비우는 용도로 사용한다. 찻자리에서 여러
종류의 차를 마실 때, 마시다 남는 차를 버리

거나 행굼물을 버리는 그릇이다. 티테이블 파티에 있어서 꼭 필요한 그
릇이다.

(8) 인퓨저(Infuser)

찻잔이나 티팟 자체에 스테인리스로 된
인퓨저 안에 찻잎을 넣어서 티백처럼 우
리는 도구로 일종의 스테인리스 티백이다.
인퓨저의 형태는 주전자 모양이나 둥근 모

양, 사각형, 동물 모양, 집 모양 등 다양하다. 쉽게 차를 우릴 수 있다는
장점은 있지만, 좁은 인퓨저 공간에서 찻잎의 대류현상이 제대로 일어나

지 못하기 때문에 맛있는 차를 제대로 우릴 수 없다는 단점이 있다. 그래서 인퓨저를 사용하는 경우 되도록이면 큰 것을 사용하는 것이 좋다.

(9) 티워머(Tea warmer)

특히 겨울에 우린 차가 식지 않도록 따뜻하게 보온하는 도구로, 작은 양초의 열로 티포트를 직접 가열한다. 도자기나 스테인리스, 유리 재질이 많고, 찻잎을 우리는 상태에서 티워머를 사용하면 차 맛이 진하게 변할 수 있다.

(10) 티스푼(Tea spoon)

티스푼은 차를 마실 때 일반적으로 설탕을 넣거나 우유를 저을 때 사용하는 것이다. 티 메저 스푼과는 다른 용도이다.

(11) 케이크 스탠드(Cake stand)

티 푸드를 올려놓는 것으로, 대체로 2단이나 3단으로 구성되어 있다. 티 푸드를 층층이 놓음으로써 장식하는 효과와 함께 공간 활용도도 높여주며, 여러 종류의 티 푸드를 동시에 올릴 수 있는 게 특징이다.

(12) 티타월(Tea towel)

면이나 리넨으로 만든 작은 수건을 말하며, 홍차를 따를 때 티팟의 일부분에 놓고 찻물을 흡수한다.

(13) 티블랜더(Tea blender)

두 가지 이상의 잎차를 블랜딩할 때 사용하는 것으로, 블랜더를 이용해 기호에 맞는 새로운 홍차를 만들 수 있다.

(14) 티 타이머(Tea timer)

차를 우리는 정확한 시간을 재기 위한 것으로, 일반적으로 3분짜리 모래시계를 많이 사용하는데, 홍차는 찻잎의 크기와 양에 따라 우리는 시간이 각각 다르기 때문에 좀 더 정확하게 시간을 잴 수 있는 타이머이다.

(15) 레몬 트레이(Lemon tray)

우린 홍차에 얇게 썬 레몬을 담는 티웨어로, 도자기 재질의 제품이 많다. 레몬 트레이는 레몬 외에 우린 티백을 올려두기도 해서 티백 트레이라고도 한다.

(16) 슈거 볼(Sugar bowl)

홍차를 마실 때 기호에 따라 설탕을 넣기도 하는데, 그 설탕을 담아두는 용기이다. 각설탕이나 가루 설탕을 담아 두는데, 가루 설탕은 티스푼을, 각설탕은 반드시 슈가텅을 함께 놓아야 한다.

(17) 밀크 저그(Milk jug)

진하게 우린 홍차에 우유를 넣고 밀크티로 즐기고 싶을 때, 준비한 우유를 담아두는 그릇이다. 진한 홍차에 우유와 설탕을 넣으면 맛있는 밀크티가 된다.

(18) 티백 스퀴저(Tea bag squeezer)

밀크티로 마실 때 티백에 남아 있는 홍차를 짜내는 데 사용하는 것으로, 주로 스테인리스 재질의 집게와 가위 모양의 제품들이 많다.

(19) 드롭 캐처(Drop catcher)

차를 따를 때 티팟의 주구 아래로 찻물이 흘러내리지 않도록 하기 위해 주구 입구에 끼워 사용하는 것이다.

(20) 핫 워터 저그(Hot water jug)

18세기 후반에는 끓인 물을 티 테이블 가운데 티언에 담아서 배치해 두고 진하게 우려진 차에 각자의 기호대로 티언에 담긴 뜨거운 물을 타서 찻물의 농도를 조절하였다. 그러나 현재는 핫 워터 저그를 준비해 두고 찻물의 농도를 조절하는 것이 일상적이다.

(21) 테이블 세팅 집게

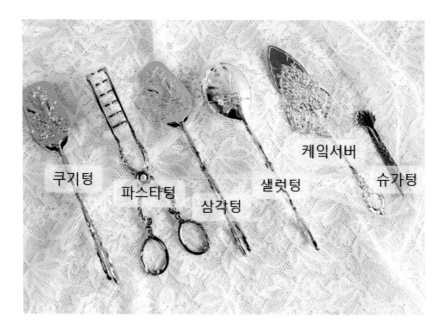

쿠키텅(Cookie tongs), 슈가텅(Sugar tongs), 케이크 서버(Cake server), 샐러드텅(Salad tongs), 스콘텅(Scone tongs), 파스타텅(Pasta tongs).

1. 집게: 각설탕이나 샐러드, 쿠키, 브레드, 여러 푸드 등을 서빙할 때 사용한다.

2. 케이크 서버: 케이크나 파이 등을 자르거나 개인 접시로 가져올 때 사용한다.

찻물의 중요성

1. 찻물의 중요성

영국의 토마스 립톤은 똑같은 홍차라
도 런던이나 스코틀랜드, 아일랜드 등 각
나라의 수질에 따라 홍차의 수색과 풍미
가 현저하게 변하는 것을 보고 그 지역
의 수질에 맞춘 오리지널 티 블랜드를 만
들어 판매하였다. 이것이 오늘날 런던 블
랜드와 아일랜드 블랜드, 스코틀랜드 블랜드 티이다. 현대인들은 찻물로
누구나 쉽게 구할 수 있는 수돗물을 비롯해 정수기 물과 생수와 약수를
많이 사용하고 있다. 하지만 홍차를 우릴 때도 녹차와 같이 찻물에 따라
서 홍차의 수색과 향기와 풍미가 달라진다. 그러면 차를 맛있게 우리기

위해서는 어떤 찻물이 좋을까? 정답부터 이야기하자면 홍차의 찻물로는 용존산소량이 높고, 수소이온농도(ph)가 중성에 가깝고, 무기물 즉, 칼슘과 마그네슘의 미네랄 함량이 적고 경도가 낮은 연수(軟水)가 좋다. 그 이유는 무기물 함량이 많으면 찻물의 색깔과 향기와 맛이 쉽게 변하기 때문에 차의 성분을 오롯이 얻을 수 없다. 따라서 맑고 신선한 물이 좋으며, 오래된 물이나 너무 오래 끓인 물은 좋지 않다. 너무 오래 끓인 물은 차를 우릴 때 산소가 부족하여 대류현상이 잘 일어나지 않는다. 그래서 한번 끓인 물을 사용해야 한다. 우리나라의 물은 유럽의 물보다 경도가 낮아서 차를 우리기에 좋은 물이 많다. 그러나 유럽에서는 물의 경도가 높은 석회수가 많으므로 차가 잘 우러나지 않기 때문에 찻잎의 양을 좀 더 많이 넣게 되는데, 이로 인해 차의 수색과 맛이 지나치게 쓰거나 진해진다. 그래서 유럽에서는 진한 차의 맛을 중화시킬 수 있는 밀크티를 선호하고 있다. 그러면 우리가 사용하는 수돗물이나 정수기 물 또는 생수가 찻물로 적당한가를 살펴볼 필요가 있다.

2. 수돗물, 정수기물, 생수

먼저 물은 경도(傾度)에 따라 부드러운 물인 연수(軟水)와 센물인 경수(硬水)로 나누어 볼 수 있는데, 이를 알아보기 위해서는 경도 계산법을

활용하면 간단하게 알 수 있다. 또 무기물이 많고 적은 것은 ppm 측정을 하면 쉽게 알 수 있다. ppm(parts per million)이란 100만분의 1이라는 뜻으로, 물 1L에 녹아 있는 용질의 양(mg)을 수를 나타낸다. 즉 칼슘(Ca)과 마그네슘(Mg)의 농도이다. 통상적으로 연수는 무기물이 적어 목넘김이 부드러운 '단물'이라고도 하고, 미네랄이 적다. 경수는 묵직한 느낌이라고 알려진 '센물'이라고 하며, 각종 무기물이 풍부하게 녹아 있는 지하수, 우물물 등이 이에 속한다. 여기서 산수(山水), 강물, 빗물, 수돗물 등은 연수에 속하며, 차를 우릴 때는 연수가 바람직하다고 알려져 있다. 연수와 경수 차이의 기준은 기관마다 조금씩 다르다. 물의 경도 계산법은 다음과 같다.

물의 경도 계산법

경도 (mg/L) = (칼슘량 mg/L × 2.5) + (마그네슘의 양 mg/L × 4.1)

세계보건기구(WHO)에서는 0~60mg/L는 연수(軟水), 60~120mg/L는 중연수, 120~180mg/L는 경수, 180mg/L 이상은 강경수로 분류하고 있다. 한국수자원공사는 경도 75mg/L 이하면 연수, 경도 75~150mg/L은 적당한 경수, 경도 150~300mg/L은 경수, 경도 300mg/L 이상이면 강한 경수로 분류하고 있다. 국내에서는 편의상 경도가 120mg/L보다 낮으면 연수, 그 이상이면 경수로 분류한다.

미네랄 중 철분과 칼슘은 우리 신체의 피와 뼈를 구성하며, 나트륨은 신경전달 물질로서의 생리작용을 조절한다. 하지만 끓인 물에 철 성분이 많으면 차의 수색이 검게 변하고, 칼슘양이 많으면 떫은맛이 강해지고, 마그네슘과 망간이 많으면 쓴맛이 강해진다. 다만 찻물에 있어서 오롯이 차 본연의 맛을 얻으려면 여러 무기물이 많은 물보다 용존 산소량이 풍부하고 ppm이 낮은 물이 좋다. 차의 맛과 색이 변하는 것을 알아보려면 차를 우려서 잠시 두면 간단히 알 수 있다. 무기물이 많은 찻물은 차를 우리는 시간과 상관없이 즉시 차의 색깔이 변하는 것을 알 수 있다. 우리 몸은 pH 7.35~7.45의 약알카리성을 유지하는 중성이 가장 이상적이다. 먹는 물 기준 수소이온농도(pH)는, WHO는 6.5~8.5pH이고, 한국은 5.8~8.5pH이다. 따라서 역삼투압방식의 정수기 물(5.5 pH)이나 산성 빗물(5.6 pH)같이 수소이온농도가 낮은 산성인 물은 좋지 않다고 할 수 있다.

우리나라 수돗물은 7.1 pH로 중성이다. 수돗물로 차를 우릴 경우엔 수도꼭지를 열어서 한참을 흘려보내고 받아서 끓여야 하고, 물이 끓으면 포트의 뚜껑을 열어 염소를 날려 보내고 사용하면 좋다. 또 일반적인 생수병에는 칼슘, 나트륨, 칼륨, 마그네슘, 불소 등 5가지 무기물질이 들어 있다. 이것을 잘 보고 찻물로 알맞은 물 즉, 무기물 함량이 적은 생수를 선택하면 맛있고 향기로운 차를 우릴 수 있다. 단 생수병이 너무 높은

ppm과 hp농도

생수

온도에서 보관되거나 산화되지 않은 물이어야 한다. 많은 차인들이 찻물로는 화산암반수로 알려진 제주삼다수가 좋다고 하는데, 그 이유는 제주삼다수는 경도가 18.4mg/L 이하의 대표적인 연수이고, 생수 중에서 49ppm으로 무기물이 낮기 때문이다. ppm이 낮은 물로 차를 우려 놓고 그 변화를 살펴보면 이틀이 지나도 차탕의 향기는 감지할 수 없으나 차의 수색은 변하지 않음을 알 수 있다. 삼다수에 비해 프랑스에서 들어온 에비앙 생수는 396ppm으로 무기물 함유량이 너무 높기 때문에 절대로 찻물로는 적당하지 않다. 그러므로 찻물로 적합한 생수는 40~130ppm, 수돗물은 50~100ppm이 적당하다.

찻물의 내용은 필자의 저서『다신전』과『동다송』에 관한 소고(小考)『다도진의』책의 찻물의 중요성을 참고하면 더 자세하게 알 수 있다.

3. 홍차 우리기

홍차를 맛있게 우려내는 방법은 홍차
를 마시는 사람의 취향에 따라 조금씩 다
르다. 홍차의 맛을 결정하는 3요소는 차의
색(color), 향기(scent), 맛(flavor) 등이다. 이
때문에 같은 홍차라도 마시는 사람의 기
호에 따라 맛의 평가가 크게 달라진다. 차
의 맛(Flavor)에는 상호작용을 하는 3가지
가 있다. 첫째, 차(Tea), 둘째, 혀(Tongue),

홍차 우려서 찻잔에 따르는 모습

셋째, 마음(Mind)이다. 그리고 차맛에 영향을 주는 외적 요인은 좋은 차
(Tea), 신선한 물(Water), 우리는 시간(Time), 장소(Place), 티웨어(Vessel),
사람(Person), 티 푸드의 종류, 그날의 분위기 등에 의해서도 크게 영향
을 받는다. 그중에서도 찻잎의 양, 물의 온도, 우리는 시간의 3가지가 차
의 맛을 결정하는 중요한 요소이다. 차를 우리는 기본적인 시간은, 홀립
은 3분, 브로컨은 2분, 패닝스는 1분, 더스트는 30초~1분으로 하고, 약간
의 응용은 할 수 있지만 기본을 알고 차를 우리면 실수하지 않는다. 그렇
기에 차를 우릴 때 기본적인 추출방법을 알고 있으면 더욱 풍요롭고 맛
있는 차를 우릴 수 있다. 그러나 차는 기호성 제품이다. 찻잎의 특징이나
우리는 시간 등은 본인의 기호도에 따라서 조금씩 조절할 수 있다.

4. 홍차의 선택과 호스티스 역할

차를 우리는 남자 주인은 호스트(host)라고 하고, 여자 주인은 호스티스(hostess)라고 한다. 주인은 그날의 용도와 컨셉에 맞추어 어떤 홍차를 우릴 것인지, 또 손님이 오셨을 때 어떤 순서로 차를 우릴 것인지를 머릿속으로 정한 다음 티 캐디의 외형을 보고 차의 맛과 우리는 시간 등을 정확히 파악해야만 그날의 호스트나 호스티스로서 역할을 다할 수 있는 것이다.

5. 맛있는 홍차

차의 수색이 맑고 투명하며 연한 오렌지색이나 밝은 진홍색에 골든링이 생긴 것이 좋고, 홍차를 입 안에 머금었을 때 풍부한 감칠맛과 달콤하고 상쾌한 향기가 느껴지는 것이 좋다. 또 차를 마신 후 적당한 쓴맛과 단맛 그리고 산뜻하고 상쾌한 회감이 느껴지는 차가 좋다. 이상의 조건을 갖추었을 때 맛있는 홍차라고 할 수 있다.

6. 홍차의 골든 룰

1) 맛있게 홍차 우리는 골든룰

애프터눈 티가 영국인들의 생활 속으로 정착되게 된 것은 빅토리아 시대였다. 1861년 빅토리아 시대를 대표하는 요리 연구가인 이자벨라 메리 비튼(Isabella Mary Beeton) 여사는 요리의 바이블이라고 불리는 "가정서"(Book of Household Management)에서 영국식 홍차 우리는 방법인 골든 룰(golden rules)을 정립하였는데, 이 골든 룰과 맛있는 홍차 우려내는 포인트를 짚어보면 다음과 같다.

(1) 밀봉이 잘 된 신선한 양질의 좋은 홍차를 사용한다.

(2) 저울이나 계량스푼을 이용하여 찻잎의 양을 알맞게 계량한다.

(3) 용존산소량이 풍부하고 신선한 좋은 물을 사용한다.

(4) 티포트를 데우고, 팔팔 끓은 높은 온도의 열탕을 사용한다.

(5) 타이머를 이용해 차 우리는 시간을 정확하게 지킨다.

2) 빅토리아 시대 홍차 우리는 방법

(1) 물을 확실히 팔팔 끓인다.

(2) 끓인 물을 티팟에 부어 티팟을 예열한다.

(3) 찻잎의 양은 1인당 계량스푼 한 스푼(3g)으로 한다.

(4) 티팟에 3g의 찻잎을 넣고 95℃ 이상의 끓인 물을 붓는다.

(5) 3~5분간 우린 찻잎을 스트레이너로 걸러준다.

　※ 영국의 물은 석회질이 많고 경수이기 때문에 차 우리는 시간을 길게 하지만, 우리나라의 연수로는 3분 이내로 우리는 것이 맛있는 홍차를 마실 수 있는 포인트이다

3) 1946년 '조지오웰'의 골든 룰

(1) 홍차는 인도티 실론티를 사용할 것을 권한다.

(2) 티팟은 도자기 재질이 가장 좋다.

(3) 티팟과 찻잔은 미리 예열한다.

(4) 홍차는 뜨거운 물 1L에 2g의 티스푼으로 6스푼의 차를 넣는다.

(5) 티백을 사용하지 않고 찻잎을 직접 티포트에 넣는다.

(6) 끓인 물은 즉시 사용 한다.

(7) 찻잔은 원통형의 머그컵이 잘 식지 않아 알맞다.

(8) 우유는 연유가 아니라 일반적인 우유를 사용한다.

(9) 티팟에서 차가 다 우려지면 스푼으로 한번 저어준다.

(10) 밀크티는 홍차를 컵에 먼저 넣고, 후에 우유를 붓는다(Milk in After).

(11) 설탕은 사용하지 않는다.

4) 2003년 영국왕립화학협회의 골든 룰

　(1) 전기 포트에 신선한 연수를 넣고 팔팔 끓인다.

(2) 티팟 예열에는 끓인 물을 포트의 4분의 1을 넣고 30초 이상 예열한다.

(3) 전기 포트의 물이 끓으면 즉시 티팟의 예열 물을 버린다.

(4) 한잔에 1티스푼의 찻잎을 예열된 티팟에 넣는다.

(5) 티팟은 물이 끓고 있는 전기포트 가까이 가지고 가서 끓인 물을 힘차게 붓는다.

(6) 우리는 시간은 3분으로 한다.

(7) 찻잔은 도자기 머그컵이 이상적이다.

(8) 밀크티는 우유를 먼저 넣고, 홍차를 붓는다(Milk in First).

(9) 설탕은 기호에 따라 적당하게 넣는다.

(10) 홍차를 마실때 적당한 온도는 60~65℃이다.

7. 홍차 우리는 두 가지 방법

홍차를 우리는 방법은 크게 서양식과 중국식으로 나뉜다. 서양식과 중국식의 다법을 쉽게 정리하면, 서양식은 찻잎을 넣고의 형태에 따라 3분, 2분, 1분 정도로 해서 한 번만 우리는 반면, 중국식은 같은 차를 차호나 개완에 넣더라도 짧게 해서 여러 번 우려 마신다.

1) 서양식 방법

준비물

홍차: 약 3g / 신선한 물: 300cc / 우리는 시간: 3분

티팟 2개(점핑팟과 서빙팟), 찻잔, 계량스푼, 전자저울, 타이머, 티코지, 티스트레이너.

① 먼저 전기 포트로 끓인 물로 티팟과 서빙팟, 찻잔에 순서대로 부어 예열한다.

② 찻잎을 3g 전자저울에 계량해 준다.

③ 전기 포트에 ppm이 낮고 산소가 풍부한 신선한 연수를 100℃로 끓인다.

④ 예열된 티팟에 찻잎을 넣고, 100℃로 끓은 물을 30cm 높이에서 내리붓고 티코지를 씌운 후 3분의 타이머를 맞춘다.

⑤ 타이머가 멈추면 예온된 서빙팟에 스트레이너를 이용해 옮겨 담는다.

⑥ 예열된 찻잔에 알맞게 따라서 마신다.

⑦ 기호에 따라 우유나 설탕 등을 첨가해서 마셔도 된다.

⑧ 서빙팟에 남은 홍차는 식지 않도록 티코지를 씌워 보온한다.

(1) 찻잎의 점핑

차를 우릴 때 티팟에 찻잎을 넣고 뜨거운 물을 30cm 높이에서 물줄기

를 세게 내리부으면 찻잎이 위아래로 움직이는 현상이 일어나는데, 이것을 찻잎이 점핑한다고 한다. 찻잎의 점핑은 홍차의 수색과 향기와 맛을 결정하는 중요한 요인이 된다. 점핑이 잘 일어나기 위해서는 95℃ 이상의 물을 사용해야 하고, 신선하고 용존산소량이 풍부한 물이어야 한다. 뜨거운 물을 부으면 아래쪽 물의 온도가 높아지고, 밀도가 작아진 아래쪽의 물과 찻잎이 위로 떠오르는 물의 대류현상이 반복해서 일어나는 것이다. 물의 온도가 낮거나 뜨거운 물이라도 티팟에 부을 때 힘이 약하거나, 너무 오래 끓인 물일 경우에는 점핑이 잘 일어나지 않는 이유이다. 유리로 된 티팟은 찻잎이 점핑되는 움직임을 관찰할 수 있다.

점핑의 모습

2) 중국식 방법

중국에서는 차를 우릴 때 뚜껑이 있는 개완이나 작은 차호를 이용하는 데, 대체로 개완을 많이 이용한다.

개완에 홍차 우리는 모습

① 전기 포트에 ppm이 낮고 산소가 풍부한 신선한 물을 100℃로 끓인다.

② 개완을 먼저 예열해 준다.

③ 3g의 준비된 찻잎을 개완에 넣는다.

④ 끓인 물을 개완에 가득 채운다.

⑤ 10초 정도를 기다렸다가 차를 우려내고 다시 3~4회 정도 더 반복한다.

3) 밀크티(Milk Tea) 만들기

밀크티는 진하게 우린 홍차에 실온의 우유를 넣어서 마시는 베리에이션 티이다. 밀크티에서 중요한 것은 차를 먼저 찻잔에 따르고 설탕과 우유를 넣는 것이다. 우유를 먼저 넣고 차를 부으면 밀크티의 농도 조절에 실패할 가능성이 크기 때문이다. 그리고 홍차는 아삼, 잉글리쉬 브랙퍼스트, 케냐 차 종류 등 강한 차가 적당하다.

준비물: 아삼 CTC 홍차 6g, 물 100ml, 우유 100ml, 설탕 기호에 맞게

① 찻잔은 미리 예열한다.

② ppm이 낮고 용존산소량이 풍부한 신선한 연수물을 끓인다.

③ 찻잎을 넣고 5분 정도로 진하게 우려서 스트레이너로 거른다.

④ 진하게 우린 차를 예열된 찻잔에 40% 정도 따른다.

⑤ 실온의 우유를 온도와 농도를 맞추어 찻잔의 80%까지 부어 준다.

⑥ 기호에 맞게 설탕을 넣고 티스푼으로 앞뒤로 살짝살짝 저어준다.

⑦ 완성된 밀크티의 빛깔은 연한 갈색이 되면 맛이 좋다.

5) 로얄 밀크티(Royal Milk Tea)

로얄 밀크티는 진하게 우린 홍차에 우유와 설탕을 넣고 다시 끓여서
만든 홍차이다.

준비물: 캔디 CTC 홍차 6g, 물 100ml, 우유 100ml, 설탕 기호에 맞게

① 전기포트에 ppm이 낮고 산소가 풍부한 신선한 물 100ml를 끓인다.

② 물이 끓으면 홍차를 넣고 5분 정도 진하게 우려 준다.

③ 밀크팬에 우린 홍차와 실온의 우유를 설탕과 함께 넣고 끓인다.

④ 차가 끓어 넘치기 직전에 불을 끄고 찻잔에 따라주면 완성이다.

6) 아이스티 만들기

아이스티는 두 배로 진하게 우린 홍차에 얼음을 듬뿍 넣고 차게 마시는

차이다.

준비물: 유리컵 2개, 아삼 홍차 6g, 물 200ml, 얼음 두 컵.

① ppm이 낮고 산소가 풍부한 신선한 물 200ml를 끓인다.

② 찻잎을 넣고 5분 정도 진하게 우린 다음 기호에 맞게 설탕도 넣어준다.

③ 유리컵에 80%까지 얼음을 채우고 진하게 우려진 뜨거운 홍차를 단번에 부어서 재빨리 식혀준다. 빨리 식혀주지 않으면 크림다운(cream down) 현상이 일어나 차탕이 흐려질 수 있다

④ 얼음이 다 녹아 식은 홍차를 얼음이 담긴 다른 유리컵으로 옮겨 부어서 완성한다.

8. 홍차 마시기

우리는 보통 차를 마실 때 물을 팔팔 끓이고 95℃ 이상의 뜨거운 물에 우려서 뜨겁게 마셨다. 하지만 차를 마실 때는 뜨겁지 않게 65℃ 이하의 온도나 우리 몸의 체온과 비슷한 온도에서 마시는 것이 좋다. 차를 마실 때는 찻물의 온도가 매우 중요하다.

옛날에는 차를 뜨겁게 마셨다. 명(明)나라 이시진(李時珍, 1518~1593)은 『본초강목(本草綱目)』에서 '차는 뜨겁게 마셔야지, 차게 마시면 담이 뭉친다고 했다. 이정비(李廷飛)는 '대개 차를 마실 때는 마땅히 뜨거워야 하고, 조금 마셔야 하며 마시지 않는 것이 더욱 좋고, 공복에는 가장 금한다.' 라고 했다.

물론 이 말들은 그 당시 차의 강한 성질 때문에 생긴 말들이다. 이런 구절들은 여러 문헌에서 많이 찾아볼 수 있다.

하지만 오늘날엔 차를 너무 뜨겁게 마시는 것은 좋지 않다고 해서 옛날과 반하는 연구 결과들이 나왔다. 프랑스 리옹에 본부를 둔 IARC는 2016년 세계보건기구(WHO) 산하 국제암연구소(IARC)의 연구발표 결과를 보면 놀라운 보도가 나온다. '65도 이상의 뜨거운 음료를 발암 물질로 지정'을 한 것이다. 그렇기에 너무 뜨거운 차나 음료는 암을 부르는 위험한 습관일 수가 있다. 자칫 방심하기 쉬운 차나 커피를 마실 때는 뜨겁지 않게 편안한 온도로 마시는 것이 좋다.

IARC 연구팀의 실험 결과에 따르면 '65℃ 이상의 뜨거운 차를 지속적으로 마신 그룹'에서는 식도암 위

험이 8배나 높았다는 결과가 나왔다. 또 2018년 중국의 베이징대학 의학부의 발표에서도 뜨거운 차와 흡연과 음주를 함께 하면 식도암 위험이 증가한다는 결과가 나왔다. 전문가들은 뜨거운 차나 음료가 식도암 위험성을 높이는 이유에 대해 뜨거운 음료를 지속적으로 마시면 식도 점막 내 세포가 뜨거운 음료에 의해 염증이 생겼다가 나아졌다가를 반복하는 과정에서 돌연변이를 일으켜 암세포로 바뀌는 것으로 보고 있다. 특히 뜨거운 음료와 흡연, 알코올과 함께하면 독소로부터 식도를 방어하는 식도 내막이 뜨거운 음료의 열에 의해 손상되기 쉽다는 것이다.

하지만 한두 번 뜨거운 음료를 마신다고 해서 암이 발생하는 것은 아니다. 학계의 연구 결과 등을 종합해보면 지속적으로 수년간 뜨거운 음료를 마셨을 때 식도가 손상되면서 암이 유발될 수 있다는 것이다.

사람의 식도는 단백질로 구성되어 있으며 위장막과는 달리 식도에는 보호막이 없기 때문에 외부 자극에도 쉽게 손상될 수 있다. 단백질은 65℃ 이상에서는 변형이 일어난다. 65℃ 이상의 뜨거운 커피나 차, 국 등을 계속해서 지속적으로 마시게 되면 식도 점막 내에서 세포가 염증을 일으키고 반복될 경우엔 식도암으로 바뀔 수 있기 때문이다.

4부

홍차의 역사

홍차의 역사

오늘날 세계에서 가장 많이 생산되고, 소비되는 차는 홍차이고, 나머지는 녹차나 반발효차이다. 16세기에는 포르투갈 시대인데, 포르투갈은 해상무역에 뛰어나면서, 바스코 다 가마가 동양을 발견함으로써 차를 알게 되었지만, 포르투갈은 직접 차를 수입하지는 않았고 차의 정보만 알렸다. 홍차의 탄생은 중국이다. 홍차가 보급된 과정을 살펴보면 차의 발상지인 중국 복건성 숭안(福建省 崇安)의 동목촌이라는 작은 마을에서 소종 홍차가 탄생된 다음 주변국으로 확산되어 갔다. 1610년 네덜란드 동인도 회사는 본격적으로 일본의 나가사키현 히라도에서 녹차를 처음으로 유럽에 수입해 갔다. 그 후 프랑스나 독일을 거쳐서 뒤늦게 영국에 차가 전달되었고, 18세기에 영국이 홍차의 나라로 자리 잡게 된 것이다. 프랑스는 1680년대까지만 차가 많이 유행했었다. 오늘날 프랑스 하면 와인을 떠올린다. 독일에서는 차가 의학적인 음료로서, 동페르시아에서만

꾸준히 유행했다. 네덜란드나 포르투칼 같은 곳은 유럽에 차와 차의 정신을 전달한 국가였다. 러시아는 1689년 네르친스크 조약 후에 중국 베이징에서 출발하여 몽골과 시베리아를 거쳐서 러시아 모스크바를 지나서 서유럽까지 낙타로 대륙을 이동하면서 거래를 하였는데, 이 육로를 그레이트 티 로드(Great tea Road)라 하였다. 오늘날 이 육로는 시베리아 관통(1903년) 열차로 대체 되었다.

1. 마르코폴로(1254~1324)의 『동방견문록』

마르코폴로는 5개 국어를 할 줄 아는 똑똑한 사람으로, 동양에 대해 관심이 많은 이유로 아버지와 삼촌을 따라서 동양인 원나라에 가게 되었다. 그 당시 원나라에는 징기스칸의 손자 쿠빌라이칸과 친하게 지내면서 17년간을 관직에 머무르다가, 1295년 42살에 자신의 나라인 이탈리아 베네치아에 돌아가게 되었다. 그 당시 마르코 폴로는 제노바 전쟁에 연루되어서 2년 동안 감옥 생활을 하게 되는데, 거기에서 루스티켈로 다 피사(Rustichello da Pisa)라는 작가를

마르코 폴로

만나 작가에게 동양의 여행담을 들려주게 되었다. 감옥에서 나온 루스티켈로는 1298년 마르코 폴로에게 들은 얘기를『동방견문록』이라는 책으로 편집하게 되었다. 이때 유럽에서는 동양을 잘 알지 못했고『동방견문록』책을 보고 동양에 관심을 갖게 되었다.『동방견문록』은 동양을 알리는 데 큰 역할을 한 책이다. 이 책에는 차에 대한 내용은 없었다. 마르코 폴로가 원나라에 머물 때 유럽은 아주 낙후한 도시였고 동양은 고급문화국이었다. 그 당시 동양을 출입하는 사람들은 주로 상인들이 대부분이었고, 실크로드로 낙타를 타고 다녔다.

2. 바스코 다 가마(1469-1524, Vasco da Gama)

16세기 포르투갈의 항해사이며 탐험가인 바스코 다 가마는 1498년 지구는 둥글다는 것을 믿고 본격적으로 바닷길을 열어서 동양을 찾아 나서게 되었다. 바스코 다 가마가 동양을 찾아 나선 이유는 향신료 때문이었다. 그 당시 향신료는 엄청난 부를 안겨줬기 때문이다. 바스코 다 가마는 인도 켈리컷에 처음으로 도착하였는데, 인도 항로의 개척으로 인해 최초로 포르투갈

해상 제국의 기초를 다진 인물이다. 이때도 차보다는 향신료를 찾기 위해서였다. 이렇게 향신료를 찾기 위해 왔다 갔다 여행을 하면서 동양에서 차도 하나씩 사 갔을 것으로 짐작된다. 그 이유는 캐서린 공주가 시집 올 때 차를 지참하고 왔기 때문이다. 바스코 다 가마는 16세기 중엽에 마카오에서 중국 사람들로부터 다기와 차에 관해 소개를 받았지만 크게 흥미를 갖지 않았다. 그들은 오로지 선교와 향신료에만 관심을 가졌다. 그리고 얼마 뒤 일본에 가게 되었는데, 일본 무사(武士)들이 다회(茶會)를 즐기는 것을 보고서야 마침내 문화적 충격과 호기심을 갖게 되었다 이렇듯 바스코 다 가마는 동양을 발견하였지만 차는 수입하지 않고, 유럽에 차의 정보만 발신했을 뿐이다.

3. 유럽에 최초로 차를 소개한 책

동양의 차에 대한 정보를 최초로 유럽에 소개한 책은 1545년경 이탈리아 베네치아의 항해사 조반니 바티스타 람지오(Giovanni Battista Ramusio, 1485~1557)의 『항해와 여행(Sailing and Travel)』이라는 책이다. 이 책은 많은 여행가들의 이야기를 바탕으로 지어진 책인데, 이 책을 보면 '티는 쓴 맛이 나는 음료이고 중국에서는 사발에 찻잎을 넣고 뜨거운 물을 부어 찻잎을 남겨둔 채로 마시지만, 일본 사람들은 찻잎을 가루로 해서 뜨거운 물을 넣어 마신다고 했다. 또 페르시아 상인들은 중국차를 공복에 한두 잔 마시면 열이 내리고 두통, 위통, 협복통, 관절통, 통풍 등이 낫는다'라고 적고 있다. 이는 기록으로 남아있는 최초의 차에 대한 책이다.

4. 홍차의 탄생

홍차의 탄생은 중국 복건성 무이산 숭안(福建省 崇安)현 동목촌 성촌진의 작은 마을에서 탄생했다. 이 무이산의 위치는 대만의 맞은편 복건성 북쪽에 자리 잡고 있다. 차를 품은 듯한 이 작은 마을은 홍차의 꽃을 피운 세계 최초의 정산소종이 탄생한 곳이다. 오각농(吳覺農)의『다경술평(茶經述評)』에 따르면 중국 홍차는 17세기 초(1610년)에 복건성 숭안의 무이산(武夷山) 해발 1,100m 정도 되는 동목촌에서 처음 만들어지기 시작했고, 이곳에서 만들어진 홍차가 세계 최초로 유럽에 전해진 홍차의 원조라고 적고 있다. 복건성 무이산은 유네스코 세계문화유산으로 지정된 곳으로, 홍차, 청차, 백차 등 3종류의 차가 생산된 곳이기도 하다.

홍차의 원조 정산소종 차의 본고장인 동목촌의 곳곳에 쌓여 있는 소나무 장작들은 찻잎을 훈연하기 위한 것인데, 그것은 정산소종만의 독특한 비법이다. 홍차의 역사는 17세기 초에 산화되어 못쓰게 된 찻잎에 나쁜 냄새를 없애기 위해 궁여지책으로 소나무로 불을 지피고 훈연향을 씌워 가공한 것이 최초의 홍차인 정산소종의 시초이다. 무이산의 어린싹으로 만든 정산소종 홍차는 매우 고가였고, 이 홍차가 유럽에 처음 들어갔을 때는 정말로 많은 변화를 일으켰다. 우리가 예사롭게 마시는 한 잔의 홍차로 인해 세계지도가 바뀌기도 하고, 그 유명한 아편 전쟁이라던지 보스턴 차사건 등을 일으키기도 한 것이 모두 차 때문에 일어난 사건들이었다. 정산소종 홍차는 영국인들도 손꼽는 원조 홍차로써 자부심을 이어가고 있다.

5. 최초 유럽의 차 보급

유럽에 차가 처음으로 수출된 경로는 1610년 네덜란드 동인도 회사에 의해 일본의 나가사키현 히라도(平戶)항구에서였다. 그때 일본에서 수입한 차는 홍차가 아니라 녹차였다. 일본의 녹차가 네덜란드의 헤이그 본국으로 보내진 것이 차의 첫 유럽행이었다. 그 후 일본은 쇄국정책을 하였고, 그 뒤부터 네덜란드는 중국차를 본격적으로 수입하기 시작했다. 네덜란드에 전해진 차는 프랑스와 독일을 거쳐 영국으로 전해졌다. 그 당시 차는 매우 진귀하였기에 네덜란드의 연합 동인도회사의 가장 호화스러운 암스테르담의 살롱에서만 차를 제공하였을 정도였다.

6. 브라간자 캐서린(Braganza Catherine) (1638~1705)

1658년 프랑스로 망명 갔던 찰스 2세 (1630~1685)가 귀국하여 1660년에 영국 왕 정이 복고되었다. 찰스 2세는 1662년에 포 르투갈의 공주 캐서린을 부인으로 맞이 했다. 캐서린은 시집올 때 혼수품으로 인 도 뭄바이의 포르투갈 영토와 동양의 차 와 그리고 그녀가 타고 온 선박의 발라스트 (ballast)로 싣고 온 대량의 설탕을 가지고 왔다. 그 당시 포르투갈의 식민 지였던 브라질이 설탕의 원료인 사탕수수 농장을 하고 있었기에, 캐서린 은 그 비싼 설탕을 혼수품으로 가져올 수 있었다. 캐서린은 왕실에서 가 져온 차에 설탕을 넣어서 즐겼고 귀족들과 상류층들이 점점 그 문화를 따라 하게 되었다.

7. 커피하우스 개러웨이스(garraways)

1652년 런던에 첫 번째 커피하우스가 생긴 이래, 영국에서 최초로 차 를 판매한 곳은 1657년 게러웨이스의 커피하우스였다. 담배 가게를 운 영한 토마스 게러웨이가 커피를 판매하면서 차와 찻잎을 함께 판매하기 시작한 것이다. 1660년 차는 병의 예방
과 치료에 효험이 높다는 소문과 정력
에 좋다는 점을 강조하는 광고를 내세
워 만병통치약으로 널리 알려져 유명
해지게 되었다. 또 그곳에는 상인들과
문인들 정치인들 그리고 귀족들 사이에서 정보교환의 장이자 사교의 장
으로 이용되었다. 그 당시 커피하우스엔 남성들만 입장이 가능한 곳으로
여성들의 출입이 금지되어 있었는데, 남자 파트너와 동행했을 경우에만
출입이 가능하였다. 그런데 1717년 트와이닝사의 골드라이언(Gold Lion)
이라는 티 하우스가 생기면서 남자 파트너가 없이도 여성들의 출입이 가
능해졌다. 커피하우스엔 그 당시 1페니만 내면 하루 종일 놀 수가 있었
기 때문에 1페니 하우스라고도 불렸다. 그 당시 페니가 화폐 단위였다.
커피하우스는 17세기 후반에 최전성기를 이루었고, 1683년 런던에는 3
천여 곳의 커피하우스가 넘쳐났다.

8. 티 가든(Tea Garden)

티 하우스에 이어서 1730년쯤에는 티가든이 생겨나기 시작했는데, 티
가든은 정원 문화와 차 문화가 결합된 사교 장소로서 오늘날 티파티의
전신이 된다. 티 가든 중에서 영국의 가장 유명하고 대표적인 장소가 '복

스홀 가든(Vauxhall Garden)'이었다. 1732년에 문을 연 복스홀 가든은 정원이 무려 48,000㎡에 이르는 크기였다. 그곳에는 연못과 카지노 그리고 중국풍의 다실 등이 있었다. 정원 중앙에는 로턴다(Rotunda)라고 불리는 원형 음악당이 있는데, 그 음악당에는 모차르트와 같은 음악가들의 연주회가 열리기도 하였다. 가든파티는 봄부터 가을까지 따뜻한 계절에 이루어졌고 추운 겨울에는 할 수 없었다. 긴 겨울을 지나서 처음 시작하는 가든파티에는 영국의 왕세자도 참석해 뭇 여성들의 관심을 끌었다고 한다. 그리고 T.I.P.S(To Insure Prompt Service) 원탁 테이블 위 나무로 된 사각 통에는 '원하는 것이면 무엇이든지 즉각 해 주겠다'라는 문구가 있어서, 기분에 따라 나무통 안에 돈을 넣었는데, 오늘날 팁을 주는 관습이 여기에서 비롯되었다.

9. 보스턴 차 사건

차로 인해서 독립한 나라가 미국이다. 처음 미국에 차를 가져간 사람은 네덜란드인이었다. 하지만 영국이 미 대륙을 정복(1720)하면서부터 차츰 영국식 음다법으로 바뀌게 되었다. 이때 매사추세츠 식민지인들은 처음부터 영국 차의 질이 좋지 않은 우롱차나 보헤아를 마시고 있었다. 이때 영국의 식민지였던 미국에도 영국 동인도회사가 차를 독점적으로 공급하고 있었기 때문에 차값이 매우 고가인데도 불구하고 티 가든이 생길 정도로 차를 즐겼다. 1700년대 중반 고가의 차로 인해 사업을 하던 자본가들은 홍차를 밀수입해서 판매하는 밀수업자들이 많았다. 영국산 홍차보다 네덜란드에서 밀수입한 차가 훨씬 저렴했기 때문이다. 그러던 1756~1763년까지 유럽의 7년 전쟁으로 인해 영국은 재정 적자에 허덕였고, 이를 줄이기 위해 1767년 5월 영국의 식민지였던 미국에 차를 포함해 유리, 종이 등 여러 가지 수입품에 세금을 징수하는 타운센트 법안(Townshend Acts)이 제정되었다. 이에 미국인들은 분노하여 거센 항의와 영국제품 불매 운동을 벌였다. 이렇게 되자 동인도회사의 창고에는 재고 홍차들이 쌓여 갔고, 영국의 대미 차 수출은 줄고, 네덜란드의 밀수 차가 더욱 성행하게 되었다. 이렇게 되자 영국 노스 수상은 차를 제외한 나머지 타운센트법을 철회하기에 이른다. 그러나 영국동인도회사는 차에 대한 세금 때문에 경영부실이 생기고, 차의 재고가 쌓이고 과잉생산으로 가격이 폭락하여 회사 운영에 곤란을 겪게 되었다. 이에 영국 정부는 1773년 미국에 무관세 차 조례를 가결시켰다. 이렇게 차 세금 문제가 해결되자, 네덜란드에서 홍차를 밀수입하여 재미를 보던 업자들은 불만이 쌓여갔다. 밀수업자 존 핸콕(John Hancock)과 정치인 새뮤얼 아담스(Samuel Adams)의 주동 하에 밀무역하던 업자들은 분노에 가득 차서 인디언으로 변장하고는, 1773년 12월 16일 홍차를 싣고 보스턴 항구에 정박 중이던 영국 동인도회사의 배에 올라가, 배 4척에 실려 있던 342상자를 모두 보스턴 항 바다에 던져 버린 것이다. 이들은 "오늘 밤 보스턴 항을 티팟으로 만들자" 또는 "오늘은 조지 3세의 티 파티다"라고 외쳐댔다. 이 사건이 도화선이 되어서 2년 뒤인 1775년 4월에 미국 독립전쟁이 시작되었고, 1776년 마침내 미국은 영국으로부터 독립을 하게 되었다.

10. 인도 아삼 대엽종 발견

18세기 영국인들은 산업혁명의 성공과 중산층 형성의 생활 수준의 향상에 차의 소비는 더욱 더 증가하였다. 하지만 동인도 회사의 독점으로, 관세를 인하하고 차를 대량으로 수입하여도 찻값을 내리게 하는 근본적인 해결은 되지 못했다. 그러던 중에 1823년 영국의 동인도 회사의 직원이었던 식물학자인 로버트 브루스(Robert Bruce) 소령이 영국의 식민지였던 인도의 아삼 지방에서 자생하는 아삼종의 차나무를 발견한 것이다. 그리고 그의 동생인 찰스 알렉산더 브루스(charles Alexander Bruce)는 형이 발견한 차나무의 씨앗과 묘목을 티 위원회로 보내어 마침내 아삼 품종으로 정식 인정을 받았고, 인도에서 최초로 차나무 재배에도 성공하였다. 1834년 2월 인도 총독에 차업 위원회가 마침내 설치되고 차의 재배와 가공이 본격화되고 실험되기 시작하였다. 처음에는 중국의 노동자까지 데리고 와서 차 재배를 시도하여 많은 시행착오 끝에 1839년 아삼 홍차(Assam Tea) 여덟 상자를 런던 차 경매장에 성공리에 낙찰시키며 아삼 컴퍼니가 설립되었다. 이렇게 해서 영국은 더 이상 중국차에 의존하지 않고 독자적인 홍차를 생산할 수 있는 길이 열렸다.

11. 1차 아편전쟁

18세기 청나라는 세계 최대의 경제 대국 1위로 강성했다. 그러나 19세기에는 유럽의 열강으로부터 처참하게 무너졌다. 그 시작은 아편전쟁이라고 할 수 있다. 아편전

쟁은 차로 인하여 일어난 전쟁이었다. 그 당시 영국인들에게 차는 엄청난 인기를 끌었고, 티타임을 하루에 여러 개나 만들어 즐길 정도로 열풍이 대단했다. 이 때문에 영국은 청나라에 은(銀)을 지불하고 차를 많이 수입했다. 이때 차 한 근이 13~15냥의 가격이었고, 1냥은 그 당시 서민의 한 달 생활비였다. 반면 청나라는 영국의 모직물을 수입하지 않아서, 영국과 청나라 간의 무역 불균형으로 인해 영국은 대량의 은 유출로 적자가 났다. 이렇게 해서 영국은 청나라에 수출할 물품을 고민하다가 18세기 후부터 식민지로 있던 인도에 양귀비로 만든 아편을 청나라에 불

법 유입, 밀매매 등을 하게 된다. 중독성이 있는 아편을 맛본 중국 사회는 아편 중독자들로 큰 혼란을 겪게 되고, 당연히 그 값은 은으로 치루어 영국으로 되돌아가게 되었다. 이로써 영국은 무역적자를 메꿀 수 있게 되었다. 그런데 청나라는 이 아편으로 인해 여러 가지 심각한 문제점이 발생하였다. 은 유출과 함께 아편을 흡입한 많은 사람들은 일을 하지 않음으로써 생산력이 떨어지고 국가의 세입도 줄어들어 청나라 전체가 기울어가고 있었다. 이때 청나라 황제 도광제는 단속을 강화하고 임칙서를 흠차대신으로 임명하여 광저우로 내려보낸다. 이렇게 임칙서는 영국의 아편 창고를 봉쇄하고 아편을 모조리 내놓을 것을 강요한다. 이에 영국인은 아편 2만 상자를 모두 몰수당했다. 압수한 아편은 석회를 섞어서 바닷물에 모두 던져 버렸고, 이 소식이 영국 의회에 전해지자 전쟁을 하자는 의견과 그런 아편의 추악한 전쟁은 일으키지 말자는 의견이 팽팽한 가운데 의회에서는 투표를 하게 되었고, 투표 결과 찬성 271: 반대: 262의 9표 차이로 전쟁이 결정되었다. 이렇게 영국군은 1839년 9월 4일 청나라 광저우 앞바다에 도착했다. 이 당시 영국군의 배는 산업혁명의 기술이 총집합된 최첨단의 네메시스호라는 군함이었고, 청나라의 배는 바람으로 움직이는 범선이었다.

또 영국군은 청나라의 수도 베이징의 관문인 톈진의 앞바다로 쳐들어갔다. 이에 도광제는 임칙서(林則徐)를 삭탈관직하고 기선(琦善)을 흠차대신으로 임명하여 광저우로 다시 내려보냈다. 광저우에서 기선과 만난 영국군은 아편의 배상금과 홍콩을 할양해 줄 것을 요구했다. 이렇게 난징 조약(1842년)으로 전쟁 비용 1,200만 달러, 아편 배상금 600만 달러, 홍콩 100년 동안 할양 등이 체결되었고, 광저우 한 곳만이 개항되었던 항구가 하문(샤먼), 복주(푸저우), 영파(닝보), 상해(상하이) 등 5개 항구를 개방하기에 이르렀다. 이렇게 하여 1차 아편전쟁은 영국의 승리로 끝이 났다.

12. 2차 아편전쟁

1차 아편전쟁 10년이 지난 후에도 영국의 적자는 계속되었다. 청나라의 항구는 다섯 개나 열려있었지만, 영국의 물품을 사지 않았고, 청나라 사람들

은 아편도 영국에서 수입하지 않고 자체 생산을 하기 시작했다. 이렇게 되다 보니 영국의 무역적자는 계속되었고, 차를 좋아하던 영국인들은 그 비싼 차를 사기 위해 전쟁을 한 번 더 일으키기로 하고, 전쟁의 명분을 어거지로 만들었다. 1856년 10월 청나라의 황푸항에 영국 선박인 애로호가 지나가고 있었는데, 해적 수색을 위해 청나라 군인이 이를 수색하던 중 영국 국기를 끌어내리는 애로호사건을 트집 잡아 명예로운 영국

국기를 훼손했다는 명목으로 2차 아편전쟁을 선포하였다. 2차 아편전쟁에는 프랑스군도 참전하게 되었고, 광저우와 광동성 일대를 바로 함락시키고, 양쯔강을 지나 베이징과 텐진으로 향했다. 1860년 4월 영국과 프랑스는 대대적인 침공을 하였고, 결국 연합국의 진격을 막을 수 없었던 함풍제는 러시아의 중재로 베이징 조약을 체결하게 되었다. 베이징 조약(1860년 10월)은 전쟁배상금과 10개 항구가 개항되었고, 텐진항도 이때부터 개항되었다. 이때 러시아는 중재한 대가로 연해주를 얻었다. 이렇게 2차 아편전쟁도 끝이 났다.

13. 클리퍼 티 레이스(Tea Race)

영국에서 소비되는 차는 중국 광동을 통해 수입되었고, 그 차는 동인도 회사의 독점권으로 차를 수입하는 무역에서 경쟁자가 없었다. 그러나 1849년 영국에서 오랫동안 닫혀 있던 항해조례(The Navigation Act)가 폐지되고 중국도 차 무역이 자유화되면서 20여 년간 영국민을 열광케 했던 티 클리퍼 시대가 열리게 되었다. 당시 클리퍼선은 오로지 빨리 가기 위해 만들어진 최고의 성능을 자랑하는 배였다.

이렇게 쾌속 범선들이 차를 싣고 빠르게 다니면서, 어떻게 하면 신선한 햇차를 싸고 신속하게 운송해 올 수 있을까 하는 레이싱 경기가 생긴 것이다.

그것은 영국 사람들의 최대 관심이고 바람이고 과제가 아닐 수 없었다. 그 당시 중국에서 4월에 채취한 햇차를 그해 안으로 영국에 가져오는 것은 불가능한 일이었다. 티 클리퍼 경주는 중국에서 런던까지 가장 빨리 햇차를 운송하는 배에 막대한 이익과 명예를 안겨 주는 경기였다. 그것은 맛있는 햇차를 하루 빨리 먹고 싶은 영국인들의 열망이 경쟁으로 이어졌고, 도박과 내기를 하면서 남자들의 관심이 고조되었던 것이다. 1849년 영국이 오랫동안 닫혀있던 항해조례가 폐지되자, 미국의 새로운 범선인 '클리퍼 오리엔탈호'가 들어와 중국항에서 런던항까지 1,500톤의 햇차를 선적하여 97일 만에 입항한 것이다. 오리엔탈호는 스마트한 선체에 칼날처럼 날카로운 뱃머리에 흐르는 듯한 선미(船尾), 아주 넓은 돛을 단 획기적인 쾌속 범선이었다.

이에 자극을 받은 영국의 선주와 조선회사에서도 힘을 쏟아 클리퍼 범선인 '커티삭(Cutty Sark)'을 1869년에 탄생시킨 것이다.

그러나 아쉽게도 같은 해 수에즈 운하가 커티삭보다 6일 앞서 개통되면서 범선 시대는 끝이 나게 되었다.

수에즈 운하는 증기선을 이용해 이동 거리를 5,000마일이나 단축시켰으며 28일 만에 차를 싣고 런던항에 도착한 것이다. 수에즈 운하는 바람이 전혀 필요치 않았다. 그 때문에 바람을 이용해서 달리는 티클리퍼선은 운하로는 더 이상 기능을 할 수 없었다.

커티삭은 티클리퍼선으로는 상당히 우수했지만 1869년 수에즈 운하에 밀려서 한 번도 그 기능을 다하지 못하고 비운의 선박이 된 것이다. 하지만 커티삭은 그 당시의 홍차 문화를 알릴 수 있는 귀중한 자료가 되어 1949년에 런던의 항구 그리니치(Greenwich) 국립해상박물관으로 이관되어 오늘날 그리니치의 부둣가에 전시 보존되고 있다.

14. 로버트 포춘(Robert Fortune, 1812~1880)

오늘날 홍차가 영국을 대표하는 문화가 된 것은, 1823년 로버트 브루스가 아삼종의 차나무를 발견한 이유도 있지만, 1849년 영국의 식물학자인 로버트 포춘의 역할도 컸다. 그가 중국 복건성 무이산에 몰래 변장을 하고 들어가 홍차의 종자와 제다법에 대한 정보를 훔쳐서 인도의 다즐링 지역에 심은 것이, 오늘날 세계 3대 홍차의 으뜸이라고 하는 다즐링 홍차 탄생의 배경이 되었다.

15. 스리랑카의 커피 농원

커피가 주요 생산지였던 스리랑카의 캔디 지역의 룰레콘데라 다원은 1869년 커피나무에 헤밀레이아 바스트릭스(Hamileia vastatrix)라는 기생충 균류의 발발로 모든 농장에서 커피 생산이 완전히 중단되자, 커피나무를 뽑아 버리고, 그 자리에 영국인 제임스 테일러(James Taylor)가 대체 식물로 인도의 차 산업을 모델로 해서 차나무를 심고, 조직적이고 효율적인 경영으로 차 재배에 성공하였다. 이때부터 스리랑카는 본격적으로 실론 티 생산이 성장하기 시작했다.

16. 영국의 홍차 유입

17세기 초에 유럽에 차가 처음으로 건너간 것은 녹차였고, 처음엔 약용에서 차츰 음료로 변하기 시작했다. 네덜란드에 처음으로 건너간 차는 프랑스와 독일을 거쳐 영국으로 들어왔다. 하지만 30년(1618~1648년) 전쟁으로 인해 유럽은 황폐화되었고, 영국 무역도 정체되었다. 그런데 네덜란드는 이 시기 일종의 황금 시기였다. 네덜란드가 프랑스나 독일에 차를 판매하기 시작한 시기는 1630년 이후부터였다. 이때 차의 가격은 은과 맞바꿀 정도로 비쌌지만, 차의 소비는 급증하였고 네덜란드의 동인도회사는 그 수입을 독점하여 막대한 수익을 올렸다. 영국에 홍차가 유입된 경위는 1662년 포르투갈에서 영국으로 시집온 브라간자 캐서린공주가 찰스 2세에게 시집오면서 티 음료의 문화를 처음으로 영국에 소개하였다. 그리고 영국의 동인도 회사도 1664년 뒤늦게 본격적으로 녹차를 수입하게 되었다.

17. 영국의 산업혁명

전 세계에 식민지를 건설한 대영제국은 중세까지만 해도 유럽에서 낙후된 나라였다. 18세기 중반 영국은 산업혁명이 처음 시작되어 빅토리아 시대를 거쳐 20세기까지도 해가 지지 않는 제국이었다. 세계 어디를 가더라도 54개의 식민지 중 한 나라는 반드시 해가 떠 있다고 해서 붙여진 이름이다. 17세기까지만 해도 영국은 낙후된 나라였고, 그 당시 대항해시대에 유럽을 대표하는 나라들은 프랑스, 포르투갈, 스페인이었다. 그러던 영국이 산업혁명을 시작하게 되었고, 식민지 건설을 시작한 18세기부터 대영제국을 건설하면서 50여 개의 식민지를 통치하고 세계를 지배하게 된 것이다. 영국은 제임스 와트(James Watt)의 증기기관 발명(1799)으로 인해, 1차산업인 증기기관을 기반으로 한 기계화로, 증기자동차와 증기기관차 그리고 방적기 등의 발명으로 면직물 산업이 크게 발전하게 되었고, 2차 산업혁명 시기에는 에디슨(Thomas Edison)의 전기 에너지 (1879)를 기반으로 한 공업화의 대량생산이 이루어졌다. 이렇게 산업혁명으로 인해 생산성이 높아지면서 영국인들은 어느 때보다 생활의 삶이 풍요로워졌고, 인구도 빠르게 늘어났다. 산업혁명으로 인해서 중산계급이 형성되었고 그에 따른 차 문화도 상류사회에서 점차 중류, 일반노동자들까지 확산되면서 차 문화가 형성되기 시작한 것이다.

18. 쉬누와즈리 붐

18세기의 중엽부터 영국은 홍차 문화의 형성과 발전에 매우 중요한 시기였다. 이 시기에는 산업혁명이 활발해지면서 차 문화가 상류사회에서 점차 대중사회로 확산되어 갔다. 그리고 녹차에서 홍차로 전환되기 시작한 것도 이때부터이다. 1984년에 중국의 기문 홍차가 탄생되었고, 이러한 차들이 유럽으로 건너가면서 17세기에 유럽의 귀족 사이에서 번지기 시작한 쉬누와즈리(chinoiserie) 붐의 중국 열풍은 유럽 차시장을 석권하였다. 쉬누와즈리 붐이란 유럽인들이 중국차와 함께 도자기 차다구, 티웨어 등을 열광적으로 모으고 좋아하는 것을 말한다. 오늘날 한류열풍과 같은 것이다. 18세기 영국 여왕들은 동양 취미에 몰입했다. 영국 여왕들이 외출할 때는 항상 홍차 가방을 챙겨서 다녔고, 귀족이나 상류층에서는 여왕의 차 문화를 모방하기 시작했다. 그들은 중국 도자기나 차다구 세트를 모으며 열렬히 여왕을 따라 하게 되었다. 17세기 중엽에 영국에 처음으로 전해진 차와 중국의 도자기들이 유럽 사회를 석권하면서 영국이 홍차의 나라로 자리 잡게 된 것이다. 이렇게 차를 즐기는 인구가 늘어나면서 18세기 후반부터 영국에서도 요업이 성행하기 시작했다. 도자기의 제조 방식은 그림을 옮겨 홍차 티웨어에 새기는 이른바 전사(傳寫)기술이 개발되고 디자인도 다양한 영국 특유의 도자기가 대량으로 생산이 가능해졌다. 또한 그 당시 차에 대한 관세가 인하되어 차의 가격도 차츰 안정되고, 거기에 설탕까지 대량으로 생산되면서 차의 소비는 더욱 촉진되어 아침 식사 때마다 반드시 차를 마시는 브랙퍼스트(breakfast tea)티가 정착되기에 이르렀다.

19. 18세기의 영국의 티 매너

우리는 역사를 알고 싶을 때는 그림 속의 회화나 사진을 통해서 그 시대상과 문화를 알 수 있다. 18세기 영국의 티 문화는 네덜란드의 풍습에서 비롯되었고, 티타임은 길게는 2시간 정도 이어졌다. 그 당시의 티 매너를 알아보면 다음과 같다.

1) 찻잔은 손잡이가 없는 중국식의 티잔에 차를 마셨다. 18세기가 되면서 찻잔에 손잡이를 달기 시작했고, 찻잔 받침의 모양도 잔이 미끄러지지 않도록 가운데가 오목하게 변하게 되었다. 그 후 찻잔 받침은 차를 식히는 용도가 아니라 찻잔을 놓고 티스푼을 얹는 용도로 사용되었다.

2) 뜨겁게 우린 홍차를 마실 때는 잔 받침에 조금씩 부어서 식혀 가면서 후루룩 소리를 내면서 마셨다. 소리를 낸 이유는 값진 차를 내어준 주인에 대한 감사의 마음을 표현하고 그 당시 고가의 차를 마실 수 있다는 스스로를 과시하기 위해서이다.

3) 찻잔에 설탕을 저은 티스푼은 찻잔 받침 위에 두지 않고 찻잔 안에 넣어 두었다.

4) 찻잔이 작기 때문에 한 잔을 마시고 나면 몇 번이나 더 제공받아 마셨다.

5) 충분히 만족스럽게 마셨을 때는 티스푼을 잔 받침 위에 올려놓거나 스푼으로 찻잔을 가볍게 두드려서 하인에게 치우도록 했다.

20. 18세기 영국식 홍차 내는 법

영국식 홍차 내는 법은 미리 우려낸 홍차를 따뜻하게 보온해 두었다가, 손님이 방문하면 그 즉시 손님 앞에서 차를 대접하는 것이 그 당시 상류사회의 방식이었다. 이때 여주인은 차를 대접하면서 손님과 대화를 하는 것이 가장 멋진 사교라고 생각했다.

21. 영국 홍차 문화의 형성

영국에 차가 들어오고 그것이 국민적 음료로써 정착되기 시작하면서 영국인 특유의 홍차 문화가 형성되기 시작했다. 영국은 200년에 걸쳐 홍차 문화가 독자적인 문화로 정착되었다. 차가 영국에 처음 유입된 것은 17세기 중엽이었는데, 18세기 초까지는 왕실의 음료에 지나지 않았다. 이후 18세기 중엽부터 19세기 중엽에 이르는 1세기 동안에 상류사회에서 중류사회로 확산되었고, 산업혁명의 완성과 더불어 19세기의 후반에는 일반 서민사회로 확산되어 명실공히 영국의 국민적 음료로 정착하게 된 것이다. 이때 영국의 홍차 문화엔 매너나 에티켓 말고도 기본적으로 지켜야 할 3가지의 룰이 있었다. 첫째는 차를 청결하고 바르게 우리고, 둘째는 티 테이블 세팅을 우아하게 하며, 셋째는 풍성한 티푸드를 차려야 한다는 것이다. 19세기 들어서 영국의 오리지널 도기인 본차이나 (磁器)가 개발되었고, 동시에 금속 세공으로 된 세필드 플레이트 기술이 개발됨으로써 은제 차 도구를 저렴하게 구입할 수 있게 되었다. 차 거름망(strainer)도 이 무렵에 개발되었다. 이와 같이 빅토리아 시대에 들어서

기 전에 영국산 차 도구들이 만들어졌고, 1819년 빅토리아 여왕이 즉위하고 얼마 후, 영국의 식민지인 인도의 아삼 지방에서 그토록 숙원하던 아삼 홍차가 생산됨으로써 차 생활에 필요한 모든 여건이 갖추어진 것이다. 19세기 중반 이후에는 일반 서민들 사이에서도 음다의 문화가 보편화되어 마침내 영국 국민 음료로 정착하게 된 것이다.

22. 19세기 차 문화

19세기에는 인도의 아삼티가 동인도 회사에 의해 영국으로 들어오고, 차 문화의 대중화가 이루어진 시기이다. 영국에서는 홍차의 티타임이 일상 생활화되었다. 아침에 눈을 뜨자마자 시작한 티타임이 잠자리에 들 때까지 여덟 번까지 티 문화가 시간대별로 확대되어 갔다. 그중에서 애프터눈티는 귀족들 사이에서 유행한 하나의 고급취미이자 사교문화였다. 애프터눈티는 영국 베드포드 가문의 7대 공작부인이었던 안나 마리아로부터 시작되었다.

1870년에 스코틀랜드 글래스고에 티룸이 생겨났으며 이는 여성들에게 중요한 의미를 가져다줬다.

23. 아이스티의 탄생

현재 우리가 많이 마시는 차는 아이스티와 티백이다. 아이스티와 티백은 미국에서 탄생했다. 오늘날 세계 각국에서 소비되고 있는 아이스티는 20세기 초 더위 속에서 개최된 세인트루이스 박람회장에서 첫선을 보였다. 1904년 미국의 세인트루이스에서 열린 만국박람회는 그 당시로서는 사상 최대의 규모였다. 이 넓은 박람회장에 인도차생산자협회의 위탁을 받은 영국의 차 상인 리처드 블레친든(Richard Blechynden)은 정장에 터번을 쓴 인도인 스텝과 함께 뜨거운 인도 홍차의 홍보를 위해 설명회를 열고 있었다. 그러나 아무리 외쳐도 날씨가 너무 더워서 어느 누구도 뜨거운 홍차에 관심이 없었다. 그들은 거의 절망에 빠져서 될 대로 되라는 심정으로 문득 유리컵에 얼음을 넣고 그 위에 뜨거운 홍차를 부었다. 그리고는 "차가운 홍차 드세요"라고 외치기 시작했다. 더위로 목이 말랐던 사람들은 차가운 홍차를 마시기 위해 몰려들었다. 이렇게 대호평을 받은 아이스티는 오늘날 전 세계인들이 즐겨 마시는 음료가 되었다. 이렇게 해서 영국인이 고안한 아이스티는 미국에서 시작된 것이다.

24. 티백(Tea Bag)의 탄생

오늘날 미국과 영국을 비롯해 전 세계 홍차 소비자의 약 80% 이상이 티백으로 우려지고 있다고 해도 과언이 아니다. 이 티백은 1904년 미국 뉴욕의 차 판매업자 토머스 설리번(Thomas Sullivan)에 의해 우연히 개발되었다.

토머스 설리번은 자신의 차 샘플을 비단 주머니에 넣어서 소매상인들에게 시음용 샘플로 배송했다. 소매상인들은 보내온 샘플을 비단 주머니째로 차를 우리게 되었고 그 편리함에 큰 인기를 얻었다. 이것이 오늘날 티백의 시작이었다. 티백은 간편하면서도 일정한 찻잎에 일정한 맛을 낼 수 있고 다양한 디자인과 침출성도 좋고 찻잎을 따로 걸러내는 수고로움도 덜 수 있었다. 이후 티백의 소재는 비단, 거즈, 종이, 부직포, 나일론 등으로 다양하게 변화되었다.

참고 문헌

단행본

1. 문기영, 홍차수업, ㈜ 글항아리, 2018.

2. 문기영, 『철학이 있는 홍차 구매 가이드』, ㈜ 글항아리, 2012.

3. 미셸 빌뮈르 지음, 오경희 옮김, 『마리 앙투아네트의 테이블』,

   ㈜경향BP, 2016.

4. 박홍관, 『사진으로 보는 중국의 차』, ㈜형설 EMJ(형설라이프), 2022.

5. 박광순, 『홍차 이야기』, 도서 출판 다지리, 2002.

6. 박서영, 『홍차의 나날들』, 디자인 이음, 2012.

7. 송은숙, 애프터눈 티, 이른아침, 2019.

8. 이겸서, 『다도진의』, 출판사 부카, 2021.

9. 왕경희, 『테이블 스타일링 & 플라워』, 도서출판 예신, 2009.

10. 왕경희, 『테이블 플라워 디자인』, 도서출판 예신, 2010.

11. 이소부치 다케시, 『홍차의 세계사 그림으로 읽다』,

    ㈜ 글항아리, 2014.

12. 안영숙, 『티+푸드』, 동녘라이프, 2012.

13. 이소부치 다케시,『홍차』, 한국 티소믈리에 연구원, 2017

14. 조용준,『유럽 도자기 여행』, ㈜도서출판 도도, 2014.

15. 최성희,『홍차의 비밀』, 중앙생활사, 2018.

16. 쩡유화,『차과학 개론』, 도서출판 보이세계, 2010.

17. 황규선,『테이블 디자인』, ㈜교문사, 2007.

18. 화양연화,『귀족일다경』, 화양연화 출판사, 2019.

19. 하보숙 조미라,『홍차의 거의 모든 것』, 열린세상, 2014.

20. Cha Tea Kyoushitsu,『홍차속의 인문학』,

    한국 티소믈리에 연구원, 2018.

21. CHA TEA,『영국 찻잔의 역사, 홍차로 풀어보는 영국사』,

    한국 티소믈리에. 2018.

22. 케빈 가스코인, 프랑수아 마르샹, 자스맹 드샤리나, 위고 아메리시,

    『티마스터』, 한국 티소믈리에, 2015.

23. 레카사린, 리잔카푸르,『CHAL』, 한국 티소믈레에 연구원, 2016.

홍차 이야기

초판 1쇄 인쇄 ┃ 2022년 12월 15일
초판 1쇄 발행 ┃ 2022년 12월 23일

글　　　┃ **이겸서**

발행인 ┃ 박홍관
발행처 ┃ 티웰
디자인 ┃ 엔터디자인 홍원준

등록　 ┃ 2006년 11월 24일 제22-3016호
주소　 ┃ 서울시 종로구 삼일대로 30길리, 507호(종로오피스텔)

전화　 ┃ 02.720.2477
메일　 ┃ teawell@gmail.com
ISBN　 978-89-97053-55-1 03590
정가　 22,000원